拯救免疫失衡

李先亮 /主编/

U0216548

中国轻工业出版社

图书在版编目（CIP）数据

拯救免疫失衡 / 李先亮主编. —北京：中国轻工业
出版社，2024.9
ISBN 978-7-5184-4363-5

Ⅰ.①拯… Ⅱ.①李… Ⅲ.①免疫调节 Ⅳ.①Q939.91

中国国家版本馆 CIP 数据核字（2024）第 062543 号

责任编辑：何　花　　责任终审：张乃东　　设计制作：锋尚设计
策划编辑：何　花　　责任校对：朱燕春　　责任监印：张　可

出版发行：中国轻工业出版社（北京鲁谷东街5号，邮编：100040）
印　　刷：艺堂印刷（天津）有限公司
经　　销：各地新华书店
版　　次：2024年9月第1版第1次印刷
开　　本：710×1000　1/16　印张：10
字　　数：180千字
书　　号：ISBN 978-7-5184-4363-5　定价：49.80元
邮购电话：010-85119873
发行电话：010-85119832　010-85119912
网　　址：http://www.chlip.com.cn
Email：club@chlip.com.cn

本书编写人员

主编 李先亮   首都医科大学附属北京朝阳医院

参编（按姓氏笔画排序）

王 冠	首都医科大学附属北京潞河医院
王春懿	首都医科大学附属北京朝阳医院
王剑锋	首都医科大学附属北京朝阳医院
邢晓燕	首都医科大学附属北京安贞医院
刘 宁	北京中医药大学东直门医院
刘 喆	首都医科大学附属北京朝阳医院
刘 赫	首都医科大学附属北京朝阳医院
刘险峰	中国老年保健协会免疫健康管理专业委员会
许文犁	首都医科大学附属北京朝阳医院
朱继巧	首都医科大学附属北京朝阳医院
孙 利	中国医学科学院肿瘤医院
严 冬	首都医科大学附属北京潞河医院
李 晋	中国老年保健协会免疫健康管理专业委员会
李 勇	中国医学科学院肿瘤医院
李素云	中国医学科学院肿瘤医院
张 毅	中国医学科学院肿瘤医院
张 磊	首都医科大学附属北京潞河医院
徐志强	中国老年保健协会免疫健康管理专业委员会
翁以炳	首都医科大学附属北京潞河医院
桑翠琴	首都医科大学附属北京朝阳医院
樊艳辉	中国老年保健协会免疫健康管理专业委员会

序 1

人类的诞生、生存和发展与免疫力相伴随。一方面是保护和促进生命健康，另一方面是预防和控制疾病，可以说免疫系统是人类生存和发展的最初保障线，也是最后一道安全防线。它贯穿于"全人类、全生命周期、疾病全过程"，维护和增进"公共卫生安全、生命安全、生物安全"。免疫力是人体预防外来有害因子（如生物因素、化学因素、物理因素等）入侵，调理身体和治疗疾病的保护系统，也是养生保健、促进健康的赋能系统，由此保护人体内稳态平衡和各种生理功能有效运行。如果人体免疫系统平衡受到破坏，例如免疫缺失或者免疫功能障碍，就会出现相应的免疫系统疾病（如红斑狼疮等结缔组织疾病）或以免疫损害为核心的全身性系统疾病。

经济全球化和人口老龄化导致传染性疾病、老年退行性疾病、精神心理疾病、环境污染和气候变化相关疾病等重大疾病风险快速增加。这些疾病往往是由多因素长期交互作用形成，其中大部分与人体免疫系统受损有关。因此也促进了传统医学向现代医学发展，生物医学向心理医学和社会医学发展。

科技和健康的进步是螺旋式发展和不断完善与进步的。全世界范围推进了免疫力知识和技能普及，以免疫为核心的健康管理，逐步成为健康管理的核心突破点、增长点和制高点。李先亮教授作为一名受过国际现代医学系统教育的医学专家，在北京大型综合医院从事肝胆胰临床外科工作，特别是在恶性肿瘤的诊断和治疗过程中，深刻认识到免疫力的重要性、复杂性、系统性和综合性。他潜心研究，形成系统理论，并用于指导实践，曾出版《免疫力是第一生命力》著作，在国内外产生了很大影响。随着经济高质量发展、科技进步和社会文明进一步发展，公众对医疗健康的需求越来越多，国家卫生健康委员会近期发布了《全面健康素养提升三年行动（2024—2027年）》。李先亮教授又主编了《拯救免疫失衡》科普著作，旨在提高广大人民群众对免疫平衡的认知，提高对基因与细胞诊断和免疫治疗等生命健康科学的认知，实施健康自我保护和自我管理，改善不良的生活方式，创造健康的生活环境、工作环境和生态环境，发展健康服务产业，促进人体全面健康。

李先亮教授提出免疫力才是健康的核心本源，免疫力是生命的氧气，免疫力的衰竭，意味着生命的倒计时开始。因此从不同角度解读免疫力、重视免疫力、管理免疫力，是医学界从现在到未来的研究发展方向和重要课题。认识免疫力，从普及免疫理念开始，本书是个非常好的尝试，希望广大读者研读这本科普书，从中体会平衡免疫的重要性，掌握免疫力管理要素和方式，自我践行主动健康管理，为构建人类免疫健康长城贡献智慧和力量。

"一带一路"国际合作组织中国事务部副秘书长

首都医科大学教授

序 2

　　免疫力可以量化评估，可以主动管理，能够降低疾病风险，实现西医治未病的健康管理，做到健康风险早防早治。

　　如果说，人体是个王国，免疫力就是王国的军事力量，肿瘤就是黑社会，病毒就是外来侵犯者。因此免疫力的投资相当于国防开支，健康才是人生价值的最大保障。

　　从免疫入手，做好免疫健康管理，是未来的趋势，也是实现主动健康，健康关口前移的重要手段。本书梳理了免疫力与不同疾病以及健康状态的相关性，提供了不同专家不同角度的解读，为普及免疫力知识做出了贡献。

　　一本小书，免疫在线，健康无忧。

赵越

北京大学人民医院原党委书记，二级教授
中国生命关怀协会副理事长

在生活的海洋中，我们每个人都是一艘小船，而免疫力就是船的坚固护盾，它默默地守护着我们的健康，让我们能够在风雨中安然前行。

免疫力，简单来说，就是我们身体抵抗疾病和感染的能力。它如同一位高明的指挥官，统领着体内各种免疫细胞和免疫分子，一旦有外敌入侵，它们便会迅速集结，发起有力的反击。然而，免疫力并非万能，它也会受到各种因素的影响，如遗传、环境、年龄、生活方式、情绪压力等。因此，我们需要了解并关爱自己的免疫系统，让它保持最佳状态。

科学的发展让免疫研究学者和临床专家可通过药物或其他手段调控人体免疫系统，但行业内尚无全面量化评估免疫力的方法，导致免疫相关的治疗方案缺乏标准化评估体系。多数免疫学领域专家认为，下一个免疫学的挑战就是如何量化评估免疫力。

本书从免疫力的定义、量化免疫评估体系的建立及未来临床应用场景、免疫力与不同疾病的关系、中医药在免疫相关性疾病的治疗等多个方面，多角度阐述和分析，有理论指导、有数据验证、有案例分享，通俗易懂，深入浅出，全方位做好免疫力健康解码。

本书邀请不同领域专家从不同角度解读免疫力。将众多专家的知识经验汇集起来，便于我们更好地了解免疫力的全貌。本书为免疫健康事业的发展提供了临床思考和经验，为实践以免疫为核心的主动健康管理奠定了理论和实践基础。

这是本从学术走向科普的好书。希望这本书能够成为你健康之旅的良伴，陪伴你走过每一段人生旅程。让我们一起，用免疫的力量，守护生命的健康与美好。

北京积水潭医院原副院长，大内科副主任，消化内科主任
爱康集团医疗管理副总经理、爱康学院副院长
中西医结合北京消化委员会委员
中国老教授协会医药卫生委员会理事

目录

第二部分
正合奇胜，拯救免疫失衡　103

第三部分
免疫失衡案例解析　131

第一部分
免疫失衡，
身体亮红灯

免疫平衡是王道。健康的免疫力是指免疫调节和免疫效应系统之间达到高水平的动态平衡。当免疫力低下时，免疫功能处于被抑制的状态，会给身体带来各种不适，甚至引发一些严重的疾病，例如会诱发肿瘤。免疫力过高的话，也就是人体的免疫功能处于高度激活状态，免疫细胞就容易认错敌我，会把自身细胞当成敌人给杀掉，造成自身免疫性疾病。

Part 1
免疫力和营养的那点事

> 免疫系统是身体里最有意思的器官。
>
> ——迈克尔·金奇（美国圣路易斯华盛顿大学副校长，医学院教授）

1.1 搞不懂的免疫系统和吃出来的免疫力

可能在人体的各器官组织中，最突破我们认知底线的就是免疫系统了。很多在人们的认知中八竿子打不着的东西，比如耳垢、眼泪、皮肤等，也是免疫系统的在册成员，这些都是我们正常免疫的一部分，甚至起着举足轻重的作用。因此，连免疫学家都不得不感叹——"免疫系统很大，有点乱糟糟"。

更重要的是，每个人的免疫系统都独一无二，以保证个体的神圣不被侵犯，以及机体的健康。这使得免疫系统不仅难以概括，而且难以轻松地理解免疫系统的工作过程。免疫系统的作用范围涵盖甚广，不仅要坚定拒绝并杀灭想入侵的细菌和病毒，还要清除体内的毒素和药物，更重要的是要维持内在的稳定，及时清理体内产生的癌变细胞、坏死物质、衰老细胞等。

众多的生活因素可以影响免疫力。较差的睡眠、不良的饮食习惯都是常见的不良诱因，甚至不良的精神情绪状态，都可以导致严重的免疫失衡后果。如果我们压力过大、睡眠不足或者过度疲劳，就会导致免疫力降低。

人体的免疫系统虽然成员众多，却宛如一张精密的天罗地网，歼灭外来病原，猎杀潜伏的癌变细胞。除非自身"作乱"造成免疫内耗混乱，否则免疫成员虽多却调节有度、运转自如，既不会消极怠工，也不会滥杀无辜。这令人不得不感慨造物的神奇。

免疫力是如何发挥作用的

让我们一起抽丝剥茧，看看免疫力是如何发挥作用的吧！

战争的胜利有个基本原则：兵马未动，粮草先行。免疫力的战斗力从哪里来呢？免疫系统从何处获得它产生抗体、细胞、因子等的基本生物活性物质呢？答案很清晰，那就是：食物。

德国卡尔斯鲁厄饮食研究所报道说：饮食可以对免疫系统产生显著影响。加拿大纽芬兰纪念大学钱德拉教授说：一种营养物质的缺乏首先在免疫细胞的数量以及活跃程度上体现出来。中医认为：免疫力低属于中医虚证的范畴。医学上，存在营养—免疫—感染的三角关系，即机体营养不良导致免疫功能受损，而免疫功能受损又会使机体对各种病原微生物的抵抗力降低，从而更易发生感染及加重感染。因此，营养不良常与感染如影随形、同时存在，二者在同一生态环境下具有共同的致病因素，互为因果、相互促进。这也导致在大多数人的概念中，谈到免疫，就想到感染，以为抵御细菌感染、病毒来袭才是免疫力的高光时刻。

与此同时，普通大众很难将免疫与大家耳熟能详的慢性疾病，如心脏病、高血压、糖尿病等联系起来。其实，免疫力的变化始终贯穿几乎所有疾病的发生和发展。在人体免疫系统被慢慢消耗、损害甚至被击穿的过程中，疾病也就慢慢聚气成形、集脓成裘，进而发展成一系列让人眼花缭乱的疾病万象。

因此，健康的前提，首先需要一个健康的免疫系统，健康的免疫系统是维持身心健康的根基。而一个强而有力的免疫系统主要得益于健康的饮食和营养，所以研究营养如何影响免疫系统的运转就显得特别重要。

当然，在研究营养如何影响免疫系统之前，我们还需要先了解一下健康、平衡的免疫力是如何一步步走向失衡，进而彻底沦陷的。

我们知道，健康的免疫力是免疫调节和免疫效应系统之间达到高水平的动态平衡，因此称"免疫平衡是王道"一点也不为过。而所谓的免疫，其实就是机体识别"自己"与"非己"，对"自己人"形成天然免疫耐受，对"非己"产生排斥攻击，进而瓦解清除的一种生理反应。

免疫主要有三大生理功能，即免疫防御、免疫自稳、免疫监视。就像我们的国家机器，不仅有军队，还有武警和警察，三位一体、攻防兼备。一旦机体受到内、外源损伤或感染，免疫系统即被激活，炎症细胞浸润并诱导多种细胞因子分泌，形成炎症。

细胞是身体的核心单位，细胞的健康才是健康的根本保障。促炎应激是任何受到损伤或损伤威胁的细胞所固有的反应，包括氧化应激、脱氧核糖核酸（DNA）损伤引起的细胞反应（细胞应激）等。细胞应激（cellular stress，CS）是一种典型的细胞对任何形式的胞内大分子损伤做出的反应，旨在恢复细胞和组织的稳态，是促炎组织应激的功能单位、上述反应发生的主要场所。细胞应激可以使细胞对破坏因子产生抵抗，并恢复细胞和组织内的稳定状态（稳态）。如果损伤因子持续存在，则在部分适应了损伤因子的长期作用后，细胞可在维持促炎状态的情况下形成组织细胞的应变稳态。这是细胞层面的变化，机体层面的变化则可能表现为慢性低度炎症状态。

慢性的炎性微环境会持续产生大量的活性氧（reactive oxygen species，ROS）、活性氮（reactive nitrogen species，RNS）、趋化因子等炎性介质。活性氧可引起细胞内某些分子尤其是 DNA 分子的损伤，这大大增加了免疫系统的压力和免疫自身修复的难度。如果说上述活性氧等自由基的生成场所是在细胞内，在持续应激条件下，激活的免疫细胞还会产生大量的细胞外活性氧。其实，活性氧的存在也不是一无是处，适度的活性氧有其健康意义，可以直接杀灭免疫原，发挥抗炎作用。活性氧还会通过一连串的反应，进一步放大炎症效应，以达到更好的杀灭"异己"的效果。

但与此同时，细胞内外的活性氧也会对自身的正常组织造成损伤。正常情况下，机体会通过一系列的内源性调节机制，来维持活性氧产生和消除的平衡、组织损伤和修复的平衡以及免疫消耗和修复的平衡。但是持续的慢性炎症状态和感染应激会导致过度或持续的氧化应激，使机体的抗氧化物质如维生素C、维生素E、辅酶Q_{10}、谷胱甘肽、抗氧化酶等减少或耗竭，从而导致机体抗氧化体系受损甚至崩溃，组织及免疫的修复能力下降，引起细胞、组织和免疫损伤。如果再加上饮食失衡、营养摄入不足或机体对营养物质的吸收利用能力下降等因素，免疫修复能力进一步下降，就会引起免疫抑制或免疫力受损。

与此类似，自身受损死亡的细胞、发生异常改变的细胞或失去正常存在形态或状态的物质等，也会激发起体内相应的免疫反应，作为"异己"成分被识别，进而被清除。这是免疫系统的日常，也是机体保持健康状态的前提。因此，我们应该了解，免疫平衡虽然彰显的是免疫调节和免疫效应系统之间达到的一个高水平的动态平衡，其实更重要的底层逻辑还是免疫消耗和免疫修复之间的平衡。

说到这里，有几个概念需要厘清。

慢性低度炎症：指机体在特定免疫原的长期、低剂量刺激下，呈现的一种非特异性的、可持续存在的低度炎症状态，可由局部扩展到全身，也称为慢性系统性低度炎症（chronic systemic low-grade inflammation）。特定免疫原可以是细菌、病毒，也可以是毒素、药物或癌变细胞、坏死物质。因此，这种炎症不是我们所认知的一般意义上的细菌感染引起的炎症，而是一种慢性的氧化过程及由此诱发的一种弱化的免疫应激状态，它会对机体造成损伤，导致各种疾病，如常见的各种结节和息肉等都是这种慢性炎症反应的后果。

炎症的起源目前仍不清楚，可能存在遗传易感性，但许多其他因素也可能导致慢性炎症。一些比较确定的外源性触发因素包括吸烟、空气污染、持续感染、超重或肥胖；同时，一些内源性因素也在其中发挥作用，包括活性氧的过量产生或猝灭不足、晚期糖基化终产物（AGEs）、线粒体功能障碍、激素变化、内脏脂肪超标、肠道微生态异常改变等。在临床实践中，感染、糖尿病、高血压、肥胖、血脂异常、吸烟等，都既是慢性炎症状态发生的潜在原因或促成因素，也是慢性炎症状态导致的结果。

炎症本身并无好坏之分，它是免疫监视和免疫防御的重要组成部分，是机体对于刺激或应激的一种防御反应。但当机体没有足够的能力应对炎症，或慢性炎症变成一个持续的状态时，它就会成为损害的一部分。大量的研究也表明，慢性低度炎症状态是多种慢性疾病的病理特征，如代谢综合征、非酒精性脂肪性肝病、2型糖尿病、心血管病、肿瘤等。

应激：是指机体在受到各种内外环境因素刺激时所出现的非特异性全身反应。不管刺激因素的性质如何，应激反应都大体相似，这种与刺激因素性质无直接关系的非特异性反应，是应激的一个重要特征。

应激会导致免疫功能障碍，主要表现为两方面：自身免疫疾病和免疫抑制。也就是说，将"自己"识别成"非己"进行攻击，或把"非己"识别成"自己"不予反应。把进入体内的细菌病毒或毒素等识别成"自己"，免疫系统就不会给予排斥和攻击，就会造成感染或损伤。如果把癌细胞识别成"自己"，那癌细胞就会增长壮大，形成肿瘤。

细胞应激：细胞处于不利环境和遇到有害刺激（应激原）时所产生的防御或适应性反应。其目的是对抗伤害、修复损伤、增加对损伤的耐受性，以保护细胞；或通过细胞死亡过程，最终清除不能修复的受损细胞。应激原包括：物理因素如压力，化学因素如药物、毒素，生物因素如病毒、细菌等。某些物质缺乏如氧气、蛋白质，内环境失衡如体内产生活性氧过多、渗透压改变等，都会引起细胞应激。

氧化应激（oxidative stress，OS）：是指机体活性氧产生过多，或机体抗氧化能力降低，体内氧化系统失衡（倾向于过氧化），从而导致潜在性损伤。这被认为是导致衰老和疾病的一个重要因素。

我们知道，细胞是人体结构和生理功能的基本单位，是生命活动的基础。数以万亿计（40万亿～60万亿）、新旧更替、生生不息的细胞构成我们的生命。细胞生命活动过程中所需能量，主要由细胞内的供能物质通过一系列复杂的氧化、分解反应产生，并排出CO_2和H_2O。这一过程称为细胞氧化

（cellular oxidation），又称细胞呼吸（cellular respiration）。这个过程在生成能量的同时，也会产生活性氧等自由基分子。

如果任由自由基与机体细胞发生作用，会给机体留下毁灭性打击和灾难性后果。它们在细胞膜上留下许多微小孔洞，使细胞的分子结构发生改变，从而破坏细胞功能。而抗氧化剂能终止甚至逆转自由基导致的损伤，这也是正常机体抗氧化防御体系的日常活动。健康机体有一套完整的抗氧化体系，来平衡或终止过氧化反应，将过氧化产生的损伤限定在可控范围，给修复留出充分的时间和机会，从而将自由基对机体的损伤程度降到最低。

抗氧化防御体系：人体抗氧化防御体系由多种组分组成，包括脂溶性抗氧化剂、水溶性抗氧化剂、抗氧化酶等。此外，具有强大抗氧化作用的植物化学物也是机体中重要的抗氧化体系组成成分，在对抗体内过氧化损伤，尤其对机体氧化应激条件下的抗氧化损伤、保护机体抗氧化体系的稳定方面，具有重要作用。而损伤修复也是抗氧化防御体系的重要功能之一。

晚期糖基化终产物（AGEs）：晚期糖基化终产物是过量的糖和蛋白质结合的产物，是连续糖化反应的结果。AGEs能够和身体的各种组织细胞相结合并破坏这些细胞，造成对人体的危害。AGEs是活性氧的来源之一，所产生的自由基与加速肌肤老化密切相关。自由基（如活性氧）氧化、炎症反应会加速衰老，引起各种慢性疾病，如糖尿病、阿尔茨海默病、动脉粥样硬化、癌症、骨质疏松等。糖化过程或AGEs本身，一方面可以在人体血液内发生，如高糖饮食、高GI（血糖生成指数）饮食、高血糖等都会增强糖化反应或增加AGEs的产生；另一方面，食物烹调过程也会产生AGEs并可被吸收入血（吸收率约10%），如炸鸡翅、炸薯条、红烧、烧烤、烘焙（事实上的"美拉德反应"）等。生理条件下，AGEs的产生非常缓慢，并被抗氧化防御体系有效抑制；而在病理条件下，如高血糖等，AGEs的形成则会加速，超过抗氧化防御体系的保护作用，就会形成损害。

AGEs是机体氧化应激的标志，在其形成过程中会产生大量自由基，使蛋白质、脂质等发生氧化而功能受损。AGEs本身还可减弱抗氧化酶（如SOD）的活性，降低机体抗氧化能力。

看到了吗，这么多高大上的名字和定义，其背后都有一个逻辑，就是从口摄入的危险因素，启动了免疫的调节过程，如果超过了正常的免疫调节能力，将引发疾病。"病从口入"，诚不欺我也。

如何方便快捷地提升免疫力

没有任何药物可以提升免疫力！充其量，也只是在自身基础上的一种"帮扶"和促进，促进机体达到一种高水平的平衡。因此，提高自身的免疫力，"好好生活、好好吃饭"就是捷径。"饭"，就是食物，它为我们提供免疫力需要的物质基础，包括各种各样的营养素，其中蛋白质是最重要的营养素。

蛋白质是构成机体免疫系统的基石，与免疫系统的功能维持、器官发育、细胞合成等有着极为密切的关系。蛋白质摄入不足，会严重损害机体的免疫功能，特别是T细胞的功能，导致感染概率的增加。正因如此，有专家学者曾大声呼吁：少喝白米粥，多吃肉、蛋、奶！换言之，"蛋白比碳水更重要"。的确，蛋白质是免疫的基础！免疫系统是一个由细胞和蛋白质组成的复杂网络，而细胞的构成基础也是蛋白质，所以蛋白质很重要。

但我们要知道，此蛋白非彼蛋白。吃进去的蛋白质要转化为机体结构中纷繁复杂、功能多样的蛋白质，转化为货真价实的免疫力，是一个浩大的工程。不仅需要蛋白质，其他营养物质如碳水化合物、脂类、维生素、矿物质等都得参与其中，缺一不可。吃进肚子里的食物，首先需要消化，即通过消化将吃进去的蛋白质分解成氨基酸、碳水化合物分解成葡萄糖、脂肪分解成脂肪酸和甘油等，然后才能被吸收。吸收后在体内还要经过复杂的运输过程和化学反应，重新组装，才能变成机体所需要的蛋白质。这些复杂的化学反应大多在肝脏里面进行，还需要大量的B族维生素参与。所有的过程都需要能量，能量首先来自碳水化合物。如果没有碳水化合物提供的能量做基础支撑，机体摄入的蛋白质就无法成为构成免疫的蛋白，脂肪也不能顺利被分解、氧化。因此，提高机体免疫力，适当的身体活动，加上均衡、恰当的健康饮食才是王道。

建筑房屋，只有钢筋是不够的，全方位的建筑材料准备才是建起高楼大厦的基本保障。所以，偏食、挑食、过度减肥的朋友，想想你的免疫力大厦，再来决定怎么去吃！

1.2　膳食营养与基础免疫力

如何才算健康饮食？健康饮食至少应包含三个方面。其一，提供充足、均衡的营养素，即均衡营养、平衡膳食；其二，有效降低炎症，即低炎饮食；其三，有效减少AGEs的生成和摄入，即低糖压饮食。

平衡膳食

平衡膳食是最大程度保障人体营养需要和健康的基础，也是保障免疫平衡的基础。离开这个基础，免疫平衡将无从谈起；离开这个基础，其他的所谓"良药"和"仙方"也都是无根之木、无源之水。其中，"食物多样"是平衡膳食的基本原则，"谷类为主"是平衡膳食的重要特征。

这里涉及食物种类和食物用量。我们每天的膳食按照食物的营养素特征来划分的话，应该包括谷薯类（碳水化合物为主）、肉蛋奶类和大豆类（优质蛋白质为主)、蔬果类(膳食纤维和植物化学物为主)和油脂坚果类(脂类、微量元素的重要来源)。《中国居民膳食指南(2022)》建议,平均每天至少应该摄入12种以上食物,每周应不少于25种。

谷薯类：黄帝内经讲到"五谷为养",中国人将谷物类食物称为"主食",现代营养学讲"谷物为主",这都说明了碳水化合物类食物的重要性。因此,膳食中碳水化合物类食物(谷薯类)的主食地位不可动摇,碳水化合物提供的能量应占总能量的50%以上。适当摄入谷物类等产糖食物,很重要。

我们在关注谷薯类能量属性的同时,还应关注它的健康属性。谷薯类不仅为我们提供碳水化合物,还提供维生素C、膳食纤维和B族维生素。谷薯类食物在保持心血管健康、消化道功能和肠道微生态方面有十分重要的作用,其作用也是正常免疫的基础。

谷类包括米、面及杂粮,薯类包括土豆、红薯、木薯、山药等,每天摄入谷薯类食物不应少于250克,其中全谷物和杂豆类50～150克,薯类50～100克,留下100克左右的余地交给我们自己发挥。

肉、蛋、奶类及大豆制品：肉、蛋、奶类及大豆制品是食物中蛋白质尤其是优质蛋白质的主要来源,而蛋白质是免疫系统的重要成分,是我们食物中的"功能成分"。大豆类是唯一出身植物的优质蛋白来源,对于素食或以素食为主的人群,尤其应该重视大豆类食品及发酵豆类制品的选择和摄入。

蔬果类：新鲜蔬菜是人体维生素、矿物质和膳食纤维的主要来源,同时也是植物化学物的重要来源。不同的蔬菜所含营养素不尽相同,因此每天要摄入足够的量(至少300克/天),而且多样化的选择也非常必要。

水果除含有大量的维生素、矿物质和膳食纤维外,还含有丰富的有机酸、酶类及糖类(以果糖、葡萄糖和蔗糖为主),能帮助消化、促进食欲,增强胃肠蠕动,利于排便。同时,水果中的植物化学物也同样丰富且多彩,其在疾病预防及健康免疫维护中的意义不容小觑。

水果的性质介于主食和蔬菜之间。一方面提供了大量的膳食纤维、维生素和植物化学物;另一方面又含有一定量的糖(碳水化合物)。200克左右的水果和25克左右米面的碳水化合物含量基本相当。《中国居民膳食指南（2022）》特别指出：果汁不能代替鲜果。

油脂类：油脂主要提供热能和必需脂肪酸，同时也是脂溶性维生素吸收的物质基础。如果膳食中完全没有油脂，脂溶性维生素如维生素D、维生素E、维生素A等的营养吸收就会出现问题。当然，油脂的摄入量也不宜过多，每日25克烹调用油即可，多则有害无益。花生、瓜子、核桃、芝麻（酱）等食物，因富含油脂，过量食用同样会造成能量超标、破坏膳食平衡、损害健康，因此这类食物常列入油脂类食品中综合考虑。

要达到膳食平衡、合理营养，上述四类食物（水果除外，可加餐）每天每餐都不可少，每餐应至少包含每类食物中的1～2种，长期缺乏任何一类都会对免疫系统造成不利影响。

低炎饮食

慢性低度炎症病因复杂，既有内源性因素，也有外源性因素，而饮食是调节炎症的重要方面。美国得克萨斯大学西南医学中心临床教授斯科特·扎辛博士表示，多糖食物和多饱和脂肪食物（畜、禽等动物性食品）会导致人体免疫系统的过度活跃，进而引发关节疼痛、血管损伤和疲劳。健康饮食（富含水果和蔬菜的饮食，如地中海饮食等）通常与较低的炎症水平有关，属抗炎食物；而西式饮食（富含饱和脂肪和简单碳水化合物）与较高的炎症水平有关，可引起免疫系统的炎症反应，属促炎饮食。

研究显示，西方饮食模式（高脂、高简单碳水化合物和低膳食纤维）还可导致肠道微生态系统紊乱，促进慢性炎症的发生发展。促炎饮食（如黄油、红肉和糖果等）通过增加全身炎症反应和氧化应激，引起胰岛素抵抗、胰岛素水平升高，刺激细胞增殖和凋亡，还可能诱发前列腺癌。

抗炎饮食则通过降低革兰氏阴性菌在肠道中的比例，改善肠道屏障功能和减少内毒素产生，从而减少促炎因子释放，进而猝灭炎症状态、减少内毒素血症，改善免疫功能，抑制代谢性疾病的发生。

慢性全身性炎症还与大多数非传染性疾病相关，包括糖尿病、肥胖症、心血管病、癌症、呼吸道和肌肉骨骼疾病，以及神经发育受损和不良的心理健康问题，等等。

促炎食物：精制谷类和淀粉类速食食品，如白面包、蛋糕、蛋卷、白米饭、面食、薯片、饼干、爆米花、麦片棒等都是促炎食物。加工过的谷类食物含有乳化剂，可能会破坏肠道中的黏蛋白，从而诱发炎症和高血糖，加速炎症和糖基化过程、增加AGEs生成，高居促炎饮食榜首。

甜食，如含糖饮料、糖果、果酱、果冻、蜜饯、糖浆、水果罐头等，含糖量高，大量食用可引起餐后高血糖。通过随后反复的轻度餐后低血糖而引起应激刺激，升高促炎性游离脂肪酸水平；通过氧化膜的脂质、蛋白质、脂蛋白和DNA，产生氧化应激，促进炎症发生。

红肉和动物内脏也是促炎食物。如牛肉、猪肉、羊肉、肝和其他动物内脏，加工肉制品如培根、腌肉、热狗、意大利香肠及其他加工肉类，因富含生物利用度高的血红素铁、饱和脂肪、ω-6脂肪酸和可疑促炎性添加剂（如亚硝酸盐）等，可以增加体内的氧化应激，并增加结肠中的细胞毒性，从而促进炎症的发生。

其他脂肪如蛋黄酱、人造黄油、黄油等，因富含ω-6脂肪酸和饱和脂肪，也具有与红肉和动物内脏相似的促炎活性。

抗炎食物：深黄色、橙色蔬果，如胡萝卜、深黄色或橙色南瓜、哈密瓜、桃子、无花果等，富含类胡萝卜素（如β-胡萝卜素和α-胡萝卜素），具有抗氧化特性。苹果和浆果如草莓、蓝莓、覆盆子、樱桃等，因富含类黄酮如花青素、槲皮素等，而具有强效抑制促炎细胞因子产生的作用，是强抗氧化剂，还能有效增加餐后血浆的抗氧化容量。其他水果如菠萝、蜜瓜、葡萄、猕猴桃、西瓜、柠檬、葡萄柚和橙子等，富含抗氧化剂（如类黄酮、芦荟苷、柚皮苷、柠檬烯、维生素C等），也具有抗氧化特性。

其他蔬菜如秋葵、青椒、洋葱、西葫芦、茄子等，均富含抗氧化剂和多酚类；绿叶菜和十字花科蔬菜，如羽衣甘蓝、菠菜、生菜、西蓝花、抱子甘蓝、圆白菜、菜花、西芹等，含有各种抗氧化剂如β-胡萝卜素、叶酸、芥子油苷、异硫氰酸盐、叶黄素和吲哚，及大量的类黄酮和多酚，在细胞抗氧化应激和抗炎症反应中起关键作用。

番茄类食物因富含β-胡萝卜素、维生素C和番茄红素（天然类胡萝卜素中强大的抗氧化剂之一），而高居抗炎食物榜首。

豆类如豌豆、白扁豆等除大豆外的其他豆类，因含有叶酸、铁、异黄酮、蛋白质、维生素B_6等而具有较强的抗氧化活性，富含的膳食纤维可有效促进肠道有益菌群的增殖和定殖，优化肠道微生态环境，减轻肠道免疫反应。姜、蒜、洋葱等也具有强抗炎、抗氧化活性。

鱼类如金枪鱼、三文鱼等含有抗炎ω-3脂肪酸，通过合成类花生酸与促炎性ω-6脂肪酸竞争，从而抑制炎症因子和炎症反应。

禽类如鸡或火鸡，因含有较少量的饱和脂肪和大量L-精氨酸，可有效改善内皮依赖性扩张，并减少血小板聚集和单核细胞黏附，抑制炎症反应。

高脂奶制品和低脂奶制品，如全脂牛奶、脱脂牛奶、奶油、高脂酸奶、低脂酸奶、奶酪等，富含的钙质可以与胆汁酸和游离脂肪酸结合，从而减少肠道内的氧化损伤、保护肠道。奶制品中的脂肪还含有具潜在抗炎特性的脂肪酸。

咖啡和茶（包括代茶饮）因富含类黄酮和抗氧化剂，如表儿茶素、槲皮素等而具有抗炎作用。坚果类因富含ω-3脂肪酸和L-精氨酸，而与鱼类和禽类具有相似的抗炎活性。

膳食补充剂包括维生素A、维生素B_{12}、维生素B_6、维生素C、维生素D和维生素E、β-胡萝卜素、叶酸、烟酸、钙、镁、硒、锌、铁等，具有强抗炎特性。

低糖压饮食

低糖压饮食（low glycemin impact diet）是指单位摄入量引起血糖水平变化较小的饮食，既可以单独指一种食物，也可以指一餐食物或一种膳食模式。低糖压饮食包含三方面的概念，即低血糖指数（low glycemin index，

L-GI）、低血糖负荷（low glycemin load，L-GL）和低糖基化食物（low advance glycatin end-product，L-AGEs），前二者是衡量含碳水化合物的食物被消耗后对血糖水平影响的指标。如果说血糖指数（GI）反映的是食物性质，血糖负荷（GL）则反映的是加上量的概念以后的食物或膳食特征。

比如说，全谷物、精加工谷物和含糖饮料，同样的含糖量，吃进肚子里以后的消化吸收速度不一样，对餐后血糖的影响也不同，GI值也就完全不同；而同样的含糖饮料，一口和一瓶，对血糖的影响不一样，二者的GL值也不同。换言之，如果一个人的一餐中包含大量全谷物、少量精加工谷物和大量蔬菜，而另一人选择了完全相同的食物，一样的蔬菜、一样的主食，但全谷物、精加工谷物的比例互换，则二者的GL值是完全不同的。当然，等量的全谷物和精加工谷物，不同的蔬菜和水果，作为一餐的GI和GL值都会发生变化。

高糖饮食、高GI饮食，促炎食物及高血糖水平等，都会增强体内的糖化反应和/或AGEs的产生，此即高糖基化饮食。AGEs作为正常衰老的一部分，随年龄增加在体内广泛积累，但同时又不完全与年龄相关，饮食、生活方式等因素也会成为促进AGEs产生的触发或助力因素。AGEs通过与受体结合形成交联，从而改变蛋白质结构或触发炎症反应，引起免疫应激。

代谢炎症老化是由营养过量引起的慢性炎症的一种特殊情况。而由营养过量引起的慢性炎症，正是体内产生内源性AGEs的重要原因之一，也是免疫老化的原因之一。

AGEs除了在体内产生，另一主要途径是经饮食摄入。未加工和加工食品（如香肠卷、牛排和脱脂牛奶）都可能含有AGEs；某些烹饪条件，例如油炸、烘烤和烧烤过程中的高温和低水分，由于发生过度的美拉德反应，也会产生更多的AGEs，其吸收率大约为10%。

食物可以影响体内AGEs的产生。首先，适度的能量限制会减少早期和晚期糖基化产物的积累，饮食中AGEs和反应性前体的减少也会限制AGEs在体内的积累或形成。其次，在食品加工过程中采用更适宜的热处理方式，选择更合适的食品原料，也是限制饮食中AGEs和反应性前体的主要手段。有一种减少AGEs体内积累的物质，是从食物或其他生物材料中提取的活性成分。许多从食物中分离出来的小分子物质（如维生素、氨基酸、抗氧化剂等），可以很好地防止AGEs在体内生成。低GI食物消化和吸收速度较慢，对血糖和胰岛素水平的影响较小，也可以有效弱化体内的糖化反应和AGEs的产生。

对大多数人来说，从高血糖指数饮食转变为低血糖指数饮食相对较容易。很多时候，并不要求严格禁止某些食物，调整用量就可以起到从高GI到低GI的转变。这应该是最经济、实惠的选择。

1.3 功效营养素与免疫调节

前边讲到，感染应激情况下，激活的免疫细胞会产生大量活性氧自由基（ROS）直接杀灭病原体。与此同时，免疫细胞的耗氧量也会显著增加（即呼吸爆发）。激活的免疫细胞（吞噬细胞）还可在短时间内产生大量的胞外ROS，来清除病原体及受染细胞，发挥进一步的抗感染作用。这一过程涉及烟酸、维生素D、钙、镁、锌等众多营养素。

吞噬细胞呼吸爆发是机体防御病原的有效手段，但同时也会对正常组织造成损伤。吞噬细胞在呼吸爆发过程中，耗氧量会在短时间内激增，可达正常耗氧量的2倍以上，甚至20倍之巨；而ROS的产生随之大幅度增加，机体对抗氧化物质的需要也会激增，能量代谢也会大幅提高。因此，在免疫应激过程中，一些参与氧化应激和物质能量代谢的功效营养素，如B族维生素、叶酸、钙、锌等的需要会增加。正常状态下的供给量很难满足应激条件下的需求，需在正常供给量基础上额外补充。但需要注意的是，我们既要注意补充适度，又要注意基础营养素的协同补充，以避免因某一营养素的供给不足或过量而使应激条件下高启的代谢过程出现障碍。

人体内的抗氧化防御体系由多组分组成，包括脂溶性抗氧化剂、水溶性抗氧化剂、抗氧化酶等。

维生素C

维生素C是血浆、组织液、细胞质中最有效的水溶性抗氧化剂，可防止中性粒细胞呼吸爆发过程中大量自由基引起的损伤，同时在保护DNA免受氧化损伤中起重要作用。维生素C还在机体免疫防御中发挥重要作用，如参与维护皮肤屏障和血管的完整性、增强免疫细胞功能，刺激产生干扰素及免疫球蛋白IgM、IgG等。维生素C还可通过减少组胺等炎症介质的产生来降低炎症水平，通过牺牲自己来还原维生素E的抗氧化活性。维生素C在生理浓度范围内（20～90微摩/升）的抗氧化效应最显著，可有效减少体内的自由基。维生素C在胶原合成中的作用，是其发挥保护肺的抗氧化作用的基础。

维生素D

我们大部分人都知道维生素D与骨质疏松的关系，却未必认识它作为免疫维生素的强大作用。维生素D在免疫调节中的作用可谓举足轻重。当机体免疫功能处于抑制状态时，$1,25-(OH)_2D_3$（维生素D的活性状态）可以增强单核细胞、巨噬细胞的功能，从而增强免疫功能；当机体免疫功能异常增高时，它又会通过抑制激活的T/B淋巴细胞增殖、B淋巴细胞分化和成熟等，来维持免疫平衡。维生素D不但对感染早期机体正常启动免疫机制很关键，同时在防止免疫过度激活、抑制过度炎症反应、预防变态反应损伤、维持适度免疫应激方面起重要的作用。维生素D广泛作用于大多数免疫细胞，对激活与平衡人体免疫系统至关重要。

通过饮食摄入的维生素D或通过晒太阳产生的维生素D还不具有生物活性，需要依次经过肝脏和肾脏的活化，才能成为具备生物学活性的形式，即$1,25-(OH)_2D_3$（维生素D的活性状态），这时候才算正式启动维生素D的"工作模式"。而维生素D也并不是进入活性状态就可以提刀上马、斩立决了，它还需要和一个叫作维生素D受体（VDR）的物质结合，才能真正启动"工作模式"。

维生素D受体通过提高单核细胞和巨噬细胞的功能来介导$1,25-(OH)_2-D_3$传递过来的信号，达到调节免疫反应的作用，最终影响免疫细胞的数量增加、功能分化和死亡。但是，1,25-$(OH)_2D_3$通过维生素D受体激活T细胞，并不意味着大功告成。事实上，T细胞活化后并不会立刻做出反应，还需要维生素D受体接触到足量的活性维生素D才能启动免疫机制。也就是说，只有体内的维生素D充足，免疫才能正常启动。因此，机体维生素D的营养状态对免疫反应的正常启动具有非常重要的作用，维生素D缺乏是机体免疫受损的重要原因之一。维生素D还可有效防止免疫反应的过度激活和晚期炎症的过度进展，防止过度炎症反应。

研究表明，病原感染会增加体内糖基化产物水平，刺激糖基化受体激活，造成炎症反应加剧；而维生素D具有调节体内糖基化产物水平和糖基化过程的作用，间接抑制炎症反应。

维生素K

维生素K具有抗炎作用，并通过阻止活性氧的产生而对氧化应激起保护作用。维生素K作为保护性微量营养素参与阻抑炎症性老化，在炎症过程中发挥保护作用。维生素K_2主要来自正常肠道微生物的合成，对于存在肠道菌群紊乱的人群，维生素K_2不足的风险会大大增加。

维生素E

维生素E是重要的膜保护剂，主要清除细胞膜内的自由基，对机体所有细胞的细胞膜均有重要的保护作用，可以阻止膜内脂质过氧化的起始过程，并中断脂质过氧化的中间过程，同时具有高效的抗脂蛋白过氧化作用。但是，维生素E对低密度脂蛋白的保护功能需要维生素C的辅助。当体内维生素C缺乏或辅酶Q_{10}缺乏时，维生素E会反过来促进低密度脂蛋白中的脂质过氧化，起到促氧化的作用。而在细胞内抗氧化防御体系中存在其他抗氧化成分时增加维生素E的摄入量，则会增强机体的抗氧化能力。

维生素E的抗氧化特性是维持机体免疫功能所必需的，可以保护免疫细胞免遭氧化损伤。免疫应激条件下，吞噬细胞、中性粒细胞、巨噬细胞等一应白细胞被活化，在损伤组织部位产生大量的活性氧和过氧化氢，并生成强效氧化剂（如次氯酸和尿酸等）。这虽然对杀灭病原有重要作用，却对免疫细胞本身不利。因此，机体需要更多的抗氧化剂来维持机体的正常状态。维生素E缺乏，会导致免疫功能下降；增加维生素E的摄入量如20微克，即可有效刺激免疫细胞功能，增加抗体生成。

辅酶

辅酶Q_{10}（CoQ_{10}）对维护细胞的能量工厂——线粒体免受过氧化损伤和细胞能量的产生具有重要作用。研究表明，较低水平的CoQ_{10}水平与炎症相关，这导致细胞能量产生减少、自由基增加，并最终导致细胞损伤。

体内的抗氧化体系中还包括超氧化物歧化酶（SOD）、谷胱甘肽过氧化物酶、硫氧还蛋白还原酶、过氧化氢酶等抗氧化酶，它们起着阻止或猝灭细胞内的过氧化反应、保护细胞免受损伤的作用。而这些酶的活性与一些微量元素如锰、锌、铜、硒、铁等关系密切。

此外，具有强抗氧化作用的植物化学物如儿茶素、花青素/原花青素、槲皮素、绿原酸、白藜芦醇等也是机体中重要的抗氧化体系的组成成分，在对抗体内过氧化损伤，尤其是对机体氧化应激条件下的抗氧化损伤，以及保护机体抗氧化体系的稳定具有重要的作用。

在应对慢性炎症和免疫损伤过程中，常规的抗氧化剂水平并不足以有效抵御持续、过度的消耗和维持内源性抗氧化剂的水平，补充外源性抗氧化剂对稳定体内抗氧化体系的稳态至关重要。

适当的脂类是脂溶性营养素有效吸收的基础，同时，一些重要的脂类如卵磷脂、DHA（一种多不饱和脂肪酸）、EPA（一种多不饱和脂肪酸）等，作为肺泡表面活性物质和膜脂质重要组成部分，对稳定肺泡及细胞功能有重要作用。

这么多的营养素需求，一定是来源于多样性的食物。因此丰富而均衡的饮食才可以提供免疫系统的可持续战斗力，为保持健康的机体做出巨大贡献。

1.4　改善肠道环境就能提高免疫力

说到免疫与营养，就不得不提肠道。肠道应该是食物变现为营养、再转化为免疫力的重要基础。我们知道，肠道的天赋使命是消化与吸收，"脾胃好（胃肠道功能）身体就好，身体倍儿棒，吃嘛嘛香"，这是百姓最朴素的认知，其实说的就是消化好，营养就好，抗病能力就强。

但是大部分人不了解的是，肠道不仅是一个消化器官，还是一个免疫器官。肠道黏膜中存在着人体最大的免疫细胞群，与健康和疾病息息相关。人体超过70%的免疫细胞集中在肠道，如巨噬细胞、T细胞、NK细胞、B细胞等；超过70%的免疫球蛋白A（IgA）由肠道产生。所以说，肠道的健康状况和内环境状况，不仅与我们的营养状况息息相关，也与我们的免疫状况息息相关。

肠道微生态系统是机体最重要的微生态系统。这些微生物及其代谢产物在人体内发挥生物屏障功能、参与免疫系统成熟和免疫应答的调节，并对机体内多种生理代谢起重要作用。慢性炎症不仅会引起血管内皮功能受损，也会影响消化系统，造成胃肠道组织供氧不足、胃肠道黏膜损伤、肠屏障通透性增加、肠道微生态失衡等。这些问题均会导致食物消化、营养吸收或屏障功能发生严重障碍甚至衰竭，使得机体对蛋白质、脂肪和碳水化合物等的消化能力下降、吸收减少，导致机体因能量不足、营养缺乏而使组织损伤进一步加重。

肠道表面覆盖着由单层上皮细胞构成的黏膜，黏膜下面就是密密麻麻的微血管及乳糜管系统。食物经由口腔、胃再到小肠，经过逐级消化，分解成氨基酸式小肽、葡萄糖、脂肪酸等小分子，通过黏膜吸收，然后由微血管、乳糜管等迅速进入循环系统。肠道的健康有赖于肠道菌群（有益菌、有害菌、中性菌）的平衡，特别是有益菌占绝对多数是肠道健康的前提。但随着年龄增加，加上不良习惯、情绪等的影响，肠道中的有益菌会逐渐减少，导致肠道问题频发，进而影响免疫功能。

益生菌或益生元等功能性食品有助于预防肠道环境破坏、维持健康的肠道菌群，帮助延迟或预防炎症过程。每个人的肠道菌群是不一样的。每个地区的人群，因为饮食习惯和食谱的不同，导致产生的肠道菌群也有差别。因此，什么样的益生菌适合什么样的体质，如何添加补充，要做个体化考虑。

在健康饮食、合理饮食状态下，肠道的菌群基本稳定，不需要额外补充益生菌。而在疾病状态下，比如手术后人群、慢性疾病人群，对其监测评估免疫力、监测肠道功能、适当补充益生菌等，就变得有必要了。

李医生贴心小叮咛

免疫力可以吃出来，也可以被饿回去。如何吃明白了，是门学问。

Part 2
免疫力和肿瘤的那点事

身体免疫系统通过细胞免疫机制识别并杀灭突变的自身细胞，
使突变细胞在未形成肿瘤之前就被清除掉。
若免疫监视功能低下则可发生肿瘤！
——麦克法兰·伯内特（澳大利亚免疫学家，
1960年诺贝尔生理学或医学奖获得者）

2.1　人为什么会得肿瘤

从医学角度讲，肿瘤是人体在各种因素的作用下，发生某些组织或器官改变而形成的新生物。它可以是肉眼或者内窥镜下可以看到的组织或器官中的"包块"；也可以是通过超声、CT等影像学工具发现的器官组织中的占位性病变。但我们平时所见到的包块不一定都是肿瘤，如某些外伤出血引起的血肿或者脓肿，这些都不是肿瘤。肿瘤也可以不形成包块，如白血病。同时，肿瘤又分为良性肿瘤、交界性肿瘤（组织形态及生物学行为介于良恶性之间）以及恶性肿瘤。我们通常所说的肿瘤泛指恶性肿瘤。

比如体检报告中经常出现的肝脏血管瘤，我们也可以说它是肿瘤，但它是良性肿瘤，不会恶性侵袭进展，15%的女性会出现这种血管瘤。血管瘤会逐渐生长，甚至在特殊时期，比如怀孕、绝经前后，有快速生长可能，即便如此，它还是良性发展的。因此，绝大多数人不需要特殊处理，终身携带就好。当然极少数人，血管瘤生长快速，压迫周围器官和重要血管、脉管等结构，带来溶血等不良反应，可以考虑手术治疗。

肿瘤与癌症的关系

癌症是一种肿瘤细胞不受控制地异常生长的疾病。肿瘤细胞可在人体内一个或多个部位，甚至整个血液系统大量异常增殖。根据有记载的文献提示，3000年前的埃及就观察到了人类癌症，但探索癌症发生的原因至今还没有终止。研究证实，遗传和环境因素是导致患癌的主要原因。但也有研究表明，基因组复制过程中出现的随机错误在癌症发生中起关键作用。基因组错误发生后，有些会对人体有害，而有些可能没什么影响，但细胞将携带这些基因组错误并将其遗传下去。有些基因组错误或突变能将正常细胞转变成肿瘤细胞。基因组复制会出现随机错误，这种随机产生的错误占到肿瘤细胞内所有突变的2/3。

在肿瘤早期，肿瘤细胞虽然看起来和其他细胞没什么不同，但是其行为已经悄悄改变，如开始进行持续的增殖（分裂）和消耗更多的营养（高代谢）。和正常细胞不一样，肿瘤细胞摆脱了限制其增殖的机制而不受控制地异常增殖，直到它遍布全身。正是由于这种基因组错误是随机的，因此很多肿瘤无法通过基因组层面进行预测或者预防。这种基因组复制过程中的随机错误每天都会发生，但并不是每一种错误都会导致癌症发生。

恶性肿瘤的特征是：生长迅速，呈浸润性生长，与周围正常组织界限不清，可通过淋巴或血液转移。正是由于这些特点，使得肿瘤的治疗困难重重。即使原发部位的肿瘤经过手术完全切除，但残存在体内的肿瘤细胞很可能已经通过血液或者淋巴转移到其他组织器官中去了。到了晚期，很多恶性肿瘤患者还会出现恶病质，即出现身体消瘦、贫血、重度营养不良、全身多脏器衰竭等症状。我们在生活中提及的癌症其实就是广义上的恶性肿瘤。

癌和肉瘤是恶性肿瘤里常见的两类，它们进展快速，发展积极，可以迅速并广泛转移。因此，一旦发现应该尽早手术处理，并结合放化疗、靶向治疗和免疫治疗等，达到根治的效果。不过有些癌症则不必谈"癌"色变，例如甲状腺癌、某些乳腺癌等，我们甚至可以称之为"懒癌"，因为它们真的不太积极干"坏事"，遇到这样的肿瘤，安心治疗，恢复结果通常比较好。

目前，我国恶性肿瘤发病和死亡人数都在逐年上升，该类疾病造成的医疗资源的投入已超过2200亿元／年。城市癌症发病率略高于乡村，死亡率则乡村略高，但城乡之间这种差异近年来在逐渐减小。究其原因可能是城乡之间的差异不断缩小，同时如二手烟尘、慢性感染、饮食习惯改变及空气污染等致病环境因素在乡村发展中也逐步显现出来。我国恶性肿瘤5年生存率约为40.5%，与10年前相比，我国恶性肿瘤生存率总体提高了约10个百分点，但与世界上医疗资源相对发达的国家相比较还有很大差距。

世界卫生组织曾经发布过很多关于癌症高危因素的报道，涵盖饮食、生活方式、情绪心理压力、环境危险因素等。这些因素作用到机体，一方面会诱导体细胞踏上癌变之路，另一方面会搅乱免疫体系，使之不能有效识别、积极清除这些危险因素带来的伤害。久而久之，疾病发生了，肿瘤就来了。

我国癌症现状

2024年2月国家癌症中心发布全国癌症报告。该报告基于2022年癌症统计数据，详细说明了2022年中国癌症疾病负担情况。2022年全国新发病例482.47万例，世界人口年龄标准化发病率为201.61/10万人；男性发病率高于女性（男性209.61/10万人，女性197.03/10万人），且男女癌症新发病例峰值男性在25～54岁的发病率低于女性，在60岁以上则高于女性。

进一步研究分析，我们发现：

1. 2020年全球新发癌症病例1929万例，其中中国新发癌症457万

例，占全球23.7%，作为世界人口大国，中国癌症新发人数远超世界其他国家。

2. 我国整体癌症发病人数逐年持续上升，全癌种标化发病率平均每年增加1.4%。未来相当长的时间里，我国抗肿瘤方面投入的人力、物力、财力仍然需要增加，这方面的实际负担沉重。

3. 我国癌症中发病率最高的癌种为肺癌，男性发病率为91.36/10万人，女性为58.18/10万人。在0~34岁年龄段，全癌种的发病率相对较低。而从35~39岁开始，发病率显著上升。到了80~84岁，全癌种的发病率达到最高点。

4. 发病率整体城市高于农村，女性癌症患者在大中型城市发病率较高。然而，这种差异正在逐渐减小，这可能与城乡间恶性肿瘤危险因素的差异在缩小有关，例如吸烟、慢性感染、饮食习惯和空气污染等。

5. 在2000年至2018年期间，全癌种的平均年死亡率下降了1.3%，特别是食管癌、胃癌和肝癌的年龄标准化发病率和死亡率都出现了显著的下降。这表明我国在肿瘤防治方面所做的努力取得一定成绩。但患者疾病负担仍然较重，每年因此产生的医疗费用高达2200亿元。

6. 在发达国家高发的结直肠癌、乳腺癌、甲状腺癌、前列腺癌等癌种的发病率在我国呈现持续上升的趋势，防控形势严峻。恶性肿瘤的生存率在过去10余年中呈上升趋势。目前，我国恶性肿瘤的5年相对生存率约为40.5%，与10年前相比提高了约10个百分点。与发达国家相比，我国恶性肿瘤的生存率仍然存在较大差距。这种差距的主要原因在于我国和发达国家癌谱的差异，我国预后较差的消化系统肿瘤如肝癌、胃癌和食管癌等高发，而欧美发达国家则是以甲状腺癌、乳腺癌和前列腺癌等预后较好的肿瘤高发。

7. 在调整了人口年龄结构后，我国癌症患者标化死亡率呈现下降趋势，反映出我国近年来癌症早诊早治推广以及一系列防控措施在抗癌方面起到了显著作用。

8. 肺癌仍占据我国癌症发病率和死亡率的第一位。农村的死亡率高于城市，也体现出我国癌症防控方面存在着城乡差异及资源分配不均的现状。

免疫与肿瘤的关系

对于免疫与肿瘤的关系，早在1909年德国免疫学家保罗·埃尔利希就提出，免疫系统可以控制细胞发生恶变。在当今时代，随着分子生物学和免疫学的迅速发展，人们对免疫和肿瘤的关系有了越来越多的认识。

人体对癌细胞生长的抑制主要分为细胞内系统和免疫系统。细胞内系统主要由抑癌基因组成。抑癌基因像是细胞内的小卫士，可以抑制突变细胞的发育和生长，即程序性细胞死亡。在这个过程中，一些酶被激活并切断细胞内的遗传物质，从而阻断细胞的增殖和存活。当细胞检测到无法修复的突变，就会启动程序性死亡过程。肿瘤细胞十分狡猾，有时可以逃避这种细胞内检查，那么此时还有细胞外检查，即通过免疫系统来保护机体。免疫系统十分聪明，可以识别相邻细胞中的细微改变。这是由于肿瘤细胞表达了和正常细胞不一样的蛋白，肿瘤细胞编码蛋白的基因组发生改变，携带了大量异常的蛋白。免疫细胞表达的受体可以检查到这些肿瘤细胞表面的异常蛋白，精准地识别细胞的异常改变，并进一步激活免疫细胞来清除肿瘤细胞。免疫系统与肿瘤之间的关系极其复杂，免疫系统一方面具有监视清除肿瘤的能力，另一方面也有可能促进一些肿瘤细胞逃避机体免疫系统的攻击。当肿瘤细胞逃避了人体免疫系统的监控，就会无限增殖，发展为癌症。

正是由于免疫系统与肿瘤之间存在这样复杂的关系，肿瘤免疫治疗才应运而生，目前已进入临床，并在不断的更新及完善中。

免疫力是免疫细胞功能状态的总体描述，特别是针对肿瘤和病毒等健康危险因素的清除能力。肿瘤的形成是一个漫长的过程，与很多因素相关，其中最为关键的是免疫系统。免疫细胞功能状态降低，即免疫力低下，实体细胞就容易发生变异，导致肿瘤易发。人体免疫系统就像驻扎在体内的联防部队，免疫与肿瘤存在如下相关性：

❶ 免疫力低下是恶性肿瘤发生的必要条件，是肿瘤形成的前提，免疫力低下与肿瘤易发有关（力量空虚）。

❷ 肿瘤细胞由正常细胞变异而来，如果免疫系统不能识别并清除这些变异细胞，那么这些细胞将在肿瘤生长过程中逐渐演变成肉眼可见的肿瘤（有的潜伏期长达十年，一旦免疫力低下，则迅速突破、发生"暴乱"）。

❸ 人体自身免疫系统功能紊乱使机体无法识别和清除癌细胞，从而可能引发癌变（管理混乱，免疫细胞出工不出力）。

❹ 一些不良的生活习惯也可能导致免疫功能下降，如长期熬夜、长期吸烟酗酒等（随时有外来诱惑）。

❺ 一些肿瘤患者本身就存在免疫力低下问题。比如癌症患者放疗或化疗后容易发生肺部及肝脏病变；某些免疫抑制药物不良反应明显，影响机体免疫功能；等等（雪上加霜）。

❻ 随着生活水平提高、人口老龄化、工作节奏加快且长期处于过劳状态，以及环境污染等因素的出现，一些癌症在我国逐渐高发，如肺癌、乳腺癌等（心理压力亟须受关注）。

总的来说，癌症的发病原因终归于免疫力下降，因此，从免疫力入手，积极构建强大的免疫防线，就可以实现癌症的早查早治，所谓"防病于未然、治疗于未发"。

2.2 细说免疫系统抗肿瘤

免疫系统是人体内最复杂的系统，像张大网一样遍布全身各处。免疫系统这个联防部队里包含多种不同角色的哨兵，可以消灭对人体有害的外来物质及身体内产生的有害物质，以保护人体健康。其主要防御和保护功能有：①识别和清除侵入体内的微生物、异物大分子及异体细胞等；②识别和清除体内恶性转化细胞（如肿瘤细胞、病毒感染细胞）及衰老死亡的细胞。

免疫系统的组成

人体伟大的哨兵——免疫细胞所驻扎的兵营被称为免疫器官，包括骨髓、胸腺、脾、淋巴结、扁桃体、阑尾等。就组织形式和解剖学而言，免疫系统主要由免疫器官、淋巴组织和淋巴细胞组成，淋巴细胞是其中的核心成分。淋巴细胞是一个多种类的细胞群体，又分为三类：①胸腺依赖淋巴细胞，简称T细胞。其中包括辅助T细胞，能够辅助免疫应答；抑制T细胞，能够抑制免疫应答；细胞毒性T细胞，主要执行细胞免疫，直接杀伤靶细胞，如肿瘤细胞、病毒、细菌等。②骨髓依赖淋巴细胞，简称B细胞。其在抗原刺激下形成大量浆细胞，主要执行体液免疫功能。③大颗粒淋巴细胞，包括杀伤细胞（K细胞）和自然杀伤细胞（NK细胞），能够杀伤靶细胞如肿瘤细胞等。

淋巴器官和淋巴组织分布于全身各处，借助淋巴细胞在血液和淋巴内循环，互相联系，使免疫系统成为一个完整的功能整体。淋巴组织是以网状组织（就像渔网一样）构成网状支架，网间分布着大量淋巴细胞、巨噬细胞和少量交错突细胞或滤泡树突状细胞的组织。

淋巴器官是以淋巴组织为主要成分构成的器官，根据其发生的时间和功能分为两类：①中枢淋巴器官，包括胸腺及骨髓。这些器官发生较周围淋巴器官早，是淋巴干细胞增殖、分化成T细胞或B细胞的场所（在此处增殖不需要外界抗原的刺激），并向周围淋巴器官输送T细胞或B细胞，以及决定它们的发育。②周围淋巴器官，包括淋巴结、脾和扁桃体。这些器官发育较晚，接受中枢淋巴器官输送来的淋巴细胞；在抗原刺激下，器官内的淋巴细胞活化、增殖，成为进行免疫应答的主要场所。该类器官的淋巴细胞增殖需外界抗原的刺激，并直接参与机体的免疫功能。

淋巴细胞活化是淋巴细胞的特性之一，指周围淋巴器官内的小淋巴细胞受到某种抗原刺激后，转变为大淋巴细胞，并进行一系列分裂繁殖，形成一个庞大的群体，又称克隆增殖。淋巴结是周围淋巴器官，它与淋巴管相连接，并沿淋巴管分布在机体淋巴所必经部位。淋巴结呈椭圆形、豆形，大小不等，直径介于1～25毫米。淋巴结内的大淋巴细胞，其细胞核染色浅，细胞质多，嗜碱性强，细胞幼稚、分裂能力强；而小淋巴细胞的细胞核染色深，细胞质少，且成熟，它们是由中等大小的淋巴细胞继续增殖、分化而来。

什么叫淋巴细胞再循环呢？周围淋巴器官和淋巴组织内的淋巴细胞经淋巴管、静脉进入血循环周游全身后，又通过毛细血管后微静脉，再回到周围淋巴器官及淋巴组织内；如此周而复始、反复循环，称为淋巴细胞再循环。因而，淋巴细胞从一个淋巴器官或一处淋巴组织到另一个淋巴器官或另一处淋巴组织，不仅有利于淋巴细胞识别抗原，同时也携带有关信息到机体各处，动员有关细胞协同参与免疫应答。通过淋巴细胞再循环，使机体各处的淋巴细胞相互联系形成功能上的整体，对提高整个机体的免疫能力具有重要意义。体内大部分淋巴细胞均参与再循环，其中以记忆性T细胞和记忆性B细胞最为活跃。

总之，免疫系统中哨兵非常多，哨兵的类型、数量也各不相同，同时存在不断更替和退化的现象。人体的免疫系统功能会随着年龄的增大而逐步削弱。

免疫系统如何抗肿瘤

机体的免疫功能与肿瘤的发生有密切关系，当免疫功能低下或受抑制时，肿瘤的发生率就会增高。正常机体每天有许多细胞可能发生突变，机体具有免疫监视功能，能够识别并特异地杀伤突变细胞，使其在未形成肿瘤之前即被清除，所以大多数情况下不会发生肿瘤。当机体免疫监视功能不能清除突变细胞时，肿瘤就会发生。

免疫系统由两大部分组成：固有免疫和适应性免疫。固有免疫识别抗原没有特异性，但它们可以在第一时间进行快速反应；而适应性免疫应答则针对专门的外来抗原，特异性更高且发展持续时间也更长。

固有免疫

固有免疫，也称非特异性免疫。主要包括NK细胞（自然杀伤细胞）、巨噬细胞、γδT细胞（固有免疫类T细胞）、NKT细胞（自然杀伤T细胞）、中性粒细胞等。

固有免疫一旦被激活，可以杀死肿瘤细胞，但固有免疫细胞识别肿瘤的机制还不完全清楚。巨噬细胞和NK细胞是两种主要的能杀伤肿瘤细胞的固有免疫细胞。其他固有免疫细胞如树突状细胞，虽然不能直接杀死肿瘤细胞，但是它们可以在杀死肿瘤的过程中起到一定帮助，即将肿瘤细胞表达的蛋白提呈给其他适应性免疫细胞。

巨噬细胞是巨大的吞噬细胞，负责清除死细胞和病原体，存在于机体的大部分组织之中。巨噬细胞被细菌、病毒或死细胞释放的物质激活，便深入肿瘤组织，通过产生毒性氧衍生物和肿瘤坏死因子（tumor necrosis factor, TNF）来杀伤肿瘤细胞，或直接吞噬肿瘤细胞。一些肿瘤细胞为了逃避这种吞噬，会发出信号分子来掩饰自己，从而避免被巨噬细胞吞噬。

NK细胞是血液系统中的循环固有免疫细胞，它被认为是最早对血液内转移性肿瘤细胞产生防御的细胞。由于肿瘤细胞表达一些正常细胞不表达的分子或者丢失一些正常细胞表达的分子，使得NK细胞能够识别肿瘤细胞。NK细胞被称为自然杀伤细胞，它们不需要特异性抗原来"训练"就能被激活。它们通过寻找细胞表面的"丢失"分子来应答靶细胞。由于血液中含有大量NK细胞，所以NK细胞除了能够清除许多组织内的早期癌细胞，还能清除很多转移到血液中的癌细胞。

低NK细胞活性水平，可以作为肿瘤是否发生转移的预测指标。因为当NK细胞水平减低时，会发生肿瘤转移。NK细胞可能有记忆功能，能记住曾经识别过的肿瘤细胞和病原体的信息。但是NK细胞也并不那么完美，其抗肿瘤免疫功能存在局限性：①NK细胞一般仅能检测到"丢失"了正常细胞标记的肿瘤细胞；②NK细胞在血液中的数量相对有限，正常情况下只占到总淋巴细胞的10%～28%。如果肿瘤细胞通过表达免疫抑制分子去抑制NK细胞功能，则可以避免被NK细胞攻击。由于NK细胞与肿瘤细胞的这一关系，为了提高NK细胞的功能，细胞因子白细胞介素–2已经被用于激活NK细胞，以促进其大量增殖而达到增加肿瘤免疫的作用。

固有免疫是人体的第一道坚实防线，除了NK细胞及巨噬细胞以外，还有γδT细胞、NKT细胞、中性粒细胞等。γδT细胞及NKT细胞都属于T细胞的特殊亚群，也属于固有免疫细胞。中性粒细胞来源于骨髓干细胞，属于终末分化细胞，是血液中数目最多的白细胞，占外周血白细胞的50%～70%。研究发现，肿瘤组织周围可以见到大量中性粒细胞聚集及浸润；同时提示，中性粒细胞对人体的多种肿瘤细胞有抗瘤作用。中性粒细胞的抗瘤效应与巨噬细胞有许多共同之处。

适应性（获得性）免疫

适应性（获得性）免疫应答主要由淋巴细胞介导。与固有免疫相比，适应性免疫反应比较慢，但对抗原具有特异性和记忆功能，可对人体提供终身保护。适应性免疫细胞在初次遇到抗原时会产生记忆，当再次遇到相同抗原时，它的反应会很快。这是一种"免疫记忆"。为了记住这些识别过的抗原，免疫细胞需要抗原提呈细胞（antigen-presenting cells，APCs）来帮助它们识别抗原，以及帮助它们对目标进行有效的反应。有一种长相类似树根的细胞，有很多突起可以延伸到周围组织，被称为树突状细胞，它是一种非常重要的抗原提呈细胞。当树突状细胞捕捉到抗原后，会将它们进行简单"消化"和降解，然后将加工后的抗原提呈给免疫细胞，此时的抗原已经被降解或"消化"成了主要组织相容性复合体（the major histocompatibility complex，MHC）。MHC会识别肿瘤细胞的存在，帮助免疫细胞对这些肿瘤细胞进行免疫应答。适应性免疫可根据参与介导的淋巴细胞类型进行分类：①细胞（或细胞介导的）免疫，由来源于胸腺的T细胞介导。②体液免疫，由来源于骨髓的B细胞介导。T细胞可分为CD8阳性（CD8+）T细胞和CD4阳性（CD4+）T细胞。T细胞可以区分肿瘤细胞和正常细胞，将其杀死，是肿瘤细胞的主要杀手。

T细胞是特异性细胞免疫的主要细胞。识别抗原后，T细胞发生活化，导致细胞分裂增殖，分化成为效应T细胞，可通过分泌细胞因子而发挥细胞毒作用效应。在控制具有免疫源性肿瘤细胞的生长中，T细胞介导的免疫应答起重要作用。采用肿瘤患者的肿瘤特异性T细胞已经找到了多种能被T细胞所识别的肿瘤抗原。这些肿瘤抗原的发现对于肿瘤疫苗的开发、肿瘤的免疫治疗具有重要意义。

B细胞是介导体液免疫应答的主要免疫细胞。B细胞识别抗原后发生活化，导致细胞分裂增殖，分化成浆细胞，合成并分泌抗原特异性抗体，在体液中发挥结合和清除抗原的作用。体液免疫应答在肿瘤免疫中具有双重作用，既可以起到抗肿瘤作用，又会影响特异性T细胞对肿瘤的识别，导致肿瘤的继续生长。虽然在体内抗肿瘤的体液免疫作用并非重要机制，但也是必不可少的重要环节。目前通过这样的机制研究，已经开展了肿瘤诊断和针对肿瘤的各种免疫治疗。

固有免疫和适应性免疫的内在关系

人体的免疫系统庞大且充满智慧，固有免疫和适应性免疫这两个系统之间有密切的内在关系，这种关系由细胞因子和其他信使所介导。NK细胞具有抗体依赖性细胞介导的细胞毒性（antibody-dependent cell-mediated cytotoxicity，ADCC）。NK细胞被激活后通过释放溶酶性颗粒状内容物而清除靶细胞。固有免疫系统的其他效应细胞，如巨噬细胞、中性粒细胞和嗜酸性粒细胞，也可以通过类似的机制介导ADCC。

> **免疫系统可以完全控制肿瘤的发生吗？**
>
> 答案是否定的。虽然体内有一系列的免疫机制，但仍难以阻止肿瘤的发生和发展，这是因为肿瘤细胞非常狡猾，可以通过多种机制逃避机体的免疫攻击。

研究发现，即使有大量能够杀死肿瘤细胞的免疫细胞聚集在肿瘤部位，这些免疫细胞要么被肿瘤细胞杀死，要么功能被肿瘤细胞抑制。肿瘤细胞具有极强的反击能力，它们在肿瘤边缘形成了强大的保护层，使T细胞不能发挥抑制肿瘤的作用。当了解了这样的机制，负责药物研发的科学家就开始探索这种肿瘤细胞对免疫系统的抑制是否可逆。

免疫系统不能完全抑制肿瘤的发生是两方面因素造成的：一方面是免疫系统自身出了问题，另一方面是肿瘤细胞的免疫逃逸机制。

2.3　肿瘤细胞的免疫逃逸

为了在体内无限制地增殖，肿瘤细胞会尽最大努力躲过免疫系统的识别，这种现象称为肿瘤免疫逃逸。肿瘤免疫逃逸是指恶性肿瘤逃脱机体的免疫监视，使肿瘤免受宿主免疫系统的攻击而继续生长。很多肿瘤会通过下调或关闭MHC的表达，或直接下调肿瘤抗原的产生来实现免疫逃逸。由于肿瘤细胞使大量MHC分子突变，导致MHC不能发挥正常的提呈肿瘤抗原的功能。除MHC以外，肿瘤细胞还可以关闭在细胞内产生肿瘤抗原的相关细胞器，使得抗原无法得到识别。

免疫系统的"刹车"系统即免疫检查点分子，让肿瘤细胞有了可乘之机，因为肿瘤细胞会通过表达免疫检查点分子，来达到类似"刹车"的效果。最重要的免疫检查点分子叫作B7-H1（B7同源体1），这个分子于1998年由梅奥医学中心发现，2000年被命名为PD-L1。PD-L1是PD-1的配体，PD-1表达在活化的免疫细胞中，而PD-L1表达在肿瘤细胞表面，当PD-1被PD-L1激活后，会向活化的免疫细胞传递信号，使免疫细胞死亡或失去免疫反应能力。基于这样的理论和发现，伴有PD-L1高表达的肾癌、肺癌、卵巢癌或其他癌症的患者预示着低生存率。所以，利用抗体阻断PD-1和PD-L1的相互作用能够恢复免疫细胞的抗肿瘤作用。

免疫细胞进入肿瘤部位之前，其功能也会受到肿瘤附近淋巴结的调节。另一个免疫检查点分子是细胞毒性T细胞相关抗原-4（cytotoxic T lymphocyte antigen-4，CTLA-4）。CTLA-4通过为T细胞激活提供负反馈信号，抑制T细胞而达到免疫抑制作用。

除了这些免疫检查点分子，肿瘤细胞还会募集其他"同伙"来帮助逃脱免疫系统的攻击。肿瘤细胞会吸引髓源性免疫抑制细胞（myeloid-derived suppressor cells，MDSCs）来降低肿瘤部位的免疫反应或肿瘤组织附近的淋巴结内的免疫反应。髓源性免疫抑制细胞是抗原提呈细胞的前体，如果髓源性免疫抑制细胞的生长发育被肿瘤细胞破坏，免疫功能将被削弱。还有另一种类型T细胞存在于肿瘤部位和淋巴结内，称为调节性T细胞，它可以通过和肿瘤免疫细胞竞争营养物质，抑制免疫系统的抗肿瘤功能。

除了上述免疫抑制方式，肿瘤细胞还会主动释放一些可溶性分子，创造一个对免疫细胞不利的环境。比如产生血管内皮生长因子（vascular endothelial growth factor，VEGF），不仅能促进血管生成，为自身提供营养，而且可以抑制抗原提呈细胞的功能，避免自身被免疫系统识别。肿瘤微环境当中的营养物质水平降低，例如色氨酸水平降低，会使免疫细胞代谢受阻，从而失去对肿瘤细胞的杀伤能力。

人体通过免疫系统抗肿瘤有着一套复杂的机制，肿瘤细胞通过免疫逃逸等多种手段也在想方设法地逃避被清除。在这种激烈对抗中究竟谁能占上风，在一定程度上取决于我们自身的免疫力是否足够强，能否及时发现突变的可能致癌的细胞并将其尽早地清理出体外。

2.4　肿瘤通常怎么治

肿瘤的治疗就像一场战争，是以机体免疫力为核心，调动体内外所有力量，一起消灭肿瘤这个敌人。确定战略方针，再结合战术攻略，这场战争才可能取胜。随着科学技术的不断发展，在当今的医疗条件下，大多数肿瘤只要按照专科医院医生的方案规范化治疗，患者是有望达到完全缓解或带瘤长期生存的。

现阶段肿瘤治疗的主要手段

❶ 手术治疗

手术治疗指切除肿瘤及其周围相关的正常组织，如：女性常见的乳腺癌，常通过手术切除，如果怀疑有淋巴结转移的可能会加上腋窝清扫。在外科手术中，一般采用最大限度地减少周围正常结构受损程度和缩小病灶体积的原则。当遇到晚期肿瘤患者时也会考虑姑息性切除。根据肿瘤类型、患者全身情况、年龄、有无心肺等合并症等采取适当的手术方式。应该说，手术切除是绝大多数实体肿瘤的首选治疗方案，能有效消灭敌人的有生力量，为后续综合治疗和彻底战胜肿瘤提供最好的支持，实现初战大捷。

❷ 化疗

化疗指用化学药物抑制或杀灭肿瘤细胞的方法，是目前使用最广泛的肿瘤治疗方法。化疗是杀敌1000自伤800的手段，在猛烈的毒性药物攻击下，倒下的是肿瘤，也有自身的免疫力。化疗治疗中，监测免疫力并及时调节免疫力是非常重要的。化疗的不良反应比较明显，如恶心、呕吐、腹泻、脱发、骨髓抑制等。患者常常因为忍受不了化疗药物的不良反应或者产生耐药而不能有效完成既定治疗。因此化疗的理念从彻底杀死肿瘤细胞，会逐渐发生转变。比如少量化疗药物突袭肿瘤细胞，联合靶向药物，并配合免疫强大部队，起到"1+1+1＞3"的效果。多种手段联合治疗已成为肿瘤治疗趋势。

❸ 放疗

放疗是将射线照射到体内以抑制或杀伤病变组织或肿瘤细胞。这是高级武器，针对肿瘤起到定点定向杀灭的作用。如利用γ射线、X射线或中子等高能粒子，对肿瘤细胞产生作用，从而达到杀灭的治疗方法。放射性粒子（如质子）主要用于局部肿瘤的治疗，如鼻咽癌等。但是放疗也会引起不良反应，常见不良反应有皮肤损伤、局部水肿、溃疡、疼痛、食欲减退、骨髓抑制等。近年来随着放疗技术的发展，应用放疗与化疗的联合疗法等得到广泛的应用。什么时候选择化疗，如何联合应用，还需要个体化分析。

④ 靶向治疗

靶向药物通过作用于肿瘤细胞表面特定基因而起作用，能够有效杀伤或抑制肿瘤细胞，主要药物有阿法替尼、阿来替尼等。部分肿瘤对靶向治疗非常有效，如非小细胞肺癌、部分乳腺癌等。靶向药物联合免疫治疗，形成靶免联合方案，带来很多肿瘤治疗的新进展。

⑤ 中药疗法

中药是我国传统医学特有的一种疗法，是根据中医辨证理论在临床实践中总结出来的一种疗法。化疗与中西医结合治疗肿瘤是国内应用较广泛的方式，也是我国在传统医学领域中对于肿瘤治疗进行尝试拓展的典范。

⑥ 免疫治疗

免疫治疗是近年来兴起的一种新疗法，它是通过增强患者机体抗肿瘤细胞的免疫力来达到提高患者生存率、抑制肿瘤生长的目的，也是未来肿瘤治疗的主要突破线。免疫治疗分三类：第一类是免疫药物治疗，例如PD-1（程序性细胞死亡蛋白-1）/PD-L1（程序性细胞死亡蛋白-1配体）抑制剂、CTLA-4（细胞毒性T细胞相关蛋白4）等。第二类是免疫细胞治疗，T细胞、NK细胞、树突细胞治疗，以及各种基因编辑的细胞治疗，如CAR-T（嵌合抗原受体T细胞免疫疗法）、CAR-NK（嵌合抗原受体NK细胞免疫疗法）等。第三类是细胞因子治疗，常见的有白介素-2、干扰素、金葡素等。免疫治疗可以适用于几乎所有肿瘤，适用于肿瘤的各个阶段。通过特异性抗体，激活T细胞、B细胞等，使癌细胞死亡。其中免疫细胞治疗更是未来的主要突破方向。

肿瘤治疗已从传统的单纯手术切除发展到靶向治疗及免疫治疗。这些治疗手段中，手术、化疗、放疗、靶向治疗都是进攻型，而免疫治疗、中药治疗是防守的同时兼顾进攻。

肿瘤免疫治疗

肿瘤免疫治疗是通过主动或被动方式使机体产生肿瘤特异性免疫应答，发挥其抑制和杀伤肿瘤细胞功能的治疗方法，具有特异、高效、使机体免于伤害性治疗等优点。与传统的化疗杀伤肿瘤细胞不同，免疫治疗是通过调控免疫系统来达到控制肿瘤的目的，所以免疫治疗的直接靶点是免疫细胞。免疫治疗效果取决于诱导出免疫细胞消除肿瘤细胞的能力。很显然，不同癌症对肿瘤免疫疗法的潜在敏感性取决于该肿瘤触发免疫应答的能力（免疫原性）。

目前正在研究各种肿瘤免疫疗法的策略，有的已被应用于临床实践。免疫治疗可以按肿瘤细胞的免疫应答能力分为被动性和主动性，有的科学家也提出按抗原特异性对免疫疗法进行分类。主动免疫疗法包括树突状细胞疗法、疫苗、免疫调节性单克隆抗体（免疫检查点抑制剂）和模式识别受体（Pattern recognition receptors，PRRs）激动剂。被动免疫疗法包括肿瘤靶向单克隆抗体、过继性细胞输注和溶瘤病毒。

预防性抗病毒疫苗：多种恶性肿瘤的发生涉及病毒，随着研究的深入，病毒感染与癌症之间的关联不断被发现，这层关联为利用抗病毒疫苗预防癌症提供了可能性。目前已经在乙型肝炎病毒和抗人乳头瘤病毒亚型的疫苗中取得了良好的成绩。我国是乙肝大国，数据表明，通过乙肝疫苗的注射，肝炎和肝细胞癌发生率均有所下降。宫颈癌疫苗的注射，也有效地达到了防治宫颈癌的目的。

治疗性疫苗：包括树突状细胞免疫疗法、多肽和DNA疫苗、全细胞肿瘤疫苗。治疗性疫苗的不确定因素包括安全性和疗效。

免疫刺激细胞因子：一般情况下，免疫刺激细胞因子作为佐剂来增强其他免疫疗法的效果。例如白介素-12（IL-12）可同时激活NK细胞（固有免疫细胞）免疫和细胞毒性T细胞（适应性免疫细胞）免疫。

肿瘤靶向单克隆抗体：肿瘤靶向单克隆抗体是可特异性靶向作用于恶性肿瘤细胞的单克隆抗体，也是目前最为成熟的细胞免疫疗法之一。常见的药物包括西妥昔单抗、曲妥珠单抗、利妥昔单抗等。

过继性细胞输注：这是一种细胞型免疫疗法。简单来说，就是从患者体内采集循环血液中的或肿瘤浸润的淋巴细胞，根据需要进行离体修饰，在淋巴清除和预处理后回输至患者体内。这种疗法在血液类癌症中，应答率可以达到80%~90%。在实体肿瘤中，也有很好的效果，是非常值得期待的肿瘤治疗突破点。

CAR-T疗法：这是目前特别受关注的一种免疫疗法，即嵌合抗原受体T细胞免疫疗法。T细胞经过基因修饰后可表达跨膜蛋白，该蛋白由合成的T细胞受体（靶向作用于预定肿瘤的抗原）组成。将修饰后的细胞输注给患者后，患者免疫系统将开始启动新的免疫过程来清除肿瘤细胞。该方法目前在CD19（白细胞分化抗原）+B细胞血液恶性肿瘤的治疗中展现了良好的效果。

溶瘤病毒：溶瘤病毒是一类非致病性病毒，可特异性感染癌细胞。它可以通过病毒的感染引起细胞过度代谢，导致自然的细胞病变，也可以表达潜在致死性基因产物。通过基因工程可得到溶瘤性病毒，相关临床试验正在开展中。

随着治疗手段的丰富，免疫治疗和其他治疗模式的联合也成为目前研究的热点。例如多种免疫疗法的联合、免疫疗法联合靶向治疗，以及免疫疗法联合化疗或放疗等。

免疫与肿瘤存在博弈的关系，通过对免疫系统及肿瘤的不断深入了解，肿瘤免疫治疗未来的前景广阔，但由于二者之间关系错综复杂，必须进行个体化用药。为了实现个体化治疗这个目标，我们需要解决例如肿瘤如何提呈抗原、免疫细胞的功能及其调节机制等问题。在临床治疗方面，我们需要解决免疫治疗药物的最佳剂量和使用顺序，并确定耐药机制。还需要探索免疫治疗疗效的预测指标，以及监测患者对免疫治疗的反应和不良反应的发生情况。

对抗肿瘤小技巧

饮食是维持免疫力的最重要因素，如果与其他提高免疫力的方法相配合，将有助于对抗肿瘤。以下是我们在日常生活中值得重视的小技巧。

❶ 丰富多样的饮食习惯，适当保证蛋白质的总摄入量，适当增加优质蛋白的摄入。

❷ 多吃富含维生素和微量元素的食物，如新鲜蔬果、豆类、牛奶等；肉类以鱼虾类和家禽类为主。

❸ 尽量不吃腌制食品、熏烤食物、油炸食品等高盐食物。不要盲目减肥，控制体重应以健康为前提。

❹ 适当补充维生素和矿物质。在肿瘤细胞的形成过程中，维生素和矿物质起着重要作用。如维生素A、维生素C、维生素E可以抑制肿瘤细胞的增殖，阻止其转移，使人体免疫系统更加完善；B族维生素能够提高巨噬细胞和T细胞的功能，增强它们对感染的敏感性；锌可提高巨噬细胞吞噬功能，增强人体对肿瘤细胞的杀伤力；硒可以促进体内过氧化物酶体生成，增加白细胞和吞噬细胞活性及巨噬细胞数目，提高机体整体的免疫功能；铁可促进血红蛋白形成，使红细胞增多；锌可抑制肿瘤干细胞分化；等等。

❺ 维持自己原有的生活作息习惯，不宜随意改变。

❻ 秋冬季节防寒保暖，避免感染疾病造成机体免疫力下降。

❼ 保持心态平和，多做运动，也可提高免疫力。研究表明，人的情绪与免疫功能有着直接关系，乐观、开朗、积极的心理因素可以增强机体的免疫功能，降低肿瘤的发病率。长期坚持运动可以提高人体免疫功能，有效降低肿瘤发生率。运动不一定要出汗才能起到效果，游泳、跑步、散步等都是较适宜的有氧运动。

❽ 睡眠对免疫系统很重要，要保证优质睡眠。睡眠的质量直接影响到免疫系统的健康。研究发现，长期处于压力状态下，身体会产生更多压力激素，如皮质醇和肾上腺素，这两种激素都能破坏免疫细胞功能。压力会造成人体免疫力下降，并导致肿瘤生长。有学者指出，当人体处于压力状态时，体内的皮质醇水平会升高2倍以上。如果大脑和身体其他部位没有得到足够的休息和恢复，则很可能影响免疫细胞的正常工作。同时，长期缺乏睡眠、经常熬夜甚至睡眠剥夺者，会一定程度上增加患癌的风险。长期缺乏睡眠更易导致肥胖、抑郁、糖尿病等多种慢性疾病，影响人体的整体状态。

李医生贴心小叮咛

免疫力衰退是肿瘤发生的根本原因。免疫力与癌症的关系可以总结为：免疫力低下→慢性炎症→细胞突变→癌症发生发展→免疫力进一步下降→癌细胞形成肿块→免疫力越来越差→癌症进展转移→免疫全面崩溃→死亡。这是一个恶性循环，打破它需要从源头出发！

免疫治疗的前世今生

　　细胞是人体基本的结构和功能单位，已知除病毒之外的所有生物均由细胞组成，但病毒生命活动也必须在细胞中才能体现。正常的细胞在体内遵循一个有序的生长、分裂和死亡的过程。细胞程序性死亡被称为凋亡，当这个过程被打破时，肿瘤就开始形成。细胞不受控制的快速增殖可导致良性肿瘤，其中一些类型可能会变成恶性肿瘤（癌症）。癌症是世界范围内导致死亡的主要原因之一，无论是在发达国家还是在发展中国家，都是如此。所有年龄的人（甚至胎儿）都可能身患癌症。癌症导致的死亡约占人类死亡总数的13%，但大多数的患癌风险都随着年龄的增长而增加。

　　说到"癌症"，人们普遍有两种想法，一种是认为"治不好"，一种是想要"赶紧做手术切掉"，这两种想法都是不正确的。首先是"治不好"这种消极思想，过去的癌症治疗效果确实不理想，患癌后死亡率很高，以致"谈癌色变"。治疗效果不理想的原因一方面是人们的常规体检意识不强。大多数癌症早期不会引起人体的不适，这时候人们往往容易忽视，等察觉到不舒服去做检查时，肿瘤可能已经长大，到中期甚至晚期，错过了最佳治疗时期，治疗效果大打折扣。另一方面就是以前的医疗水平有限，除了手术切除肿瘤，其他治疗方法效果甚微。

　　随着现代科技的飞速发展，医疗行业的进步也是日新月异，不仅手术方式不断改进，使得肿瘤能被最大程度地切除干净，其他治疗手段，如放疗、化疗、基因靶向治疗、免疫治疗等，对肿瘤都能起到立竿见影的效果。有的肿瘤甚至不需要做手术就可以完全治愈，这些治疗成果无疑为攻克肿瘤注入了一针强心剂。所以现在人们面对癌症不用再感觉"天塌地陷"。健康人群要常规体检，尤其是有肿瘤家族史的高危人群，养成良好的生活习惯，对于耳熟能详的致癌因素要尽量避免，比如吸烟、食用变质或劣质的食物等。不幸身患癌症的人群，要摆正心态，积极面对癌症，去正规医院检查，相信医生，听医生的建议积极治疗，要对现代医学充满信心。

在古代，人类就有免疫治疗重大疾病的记载，比如狂犬病的防治。中国晋代名医葛洪（约283年~约363年）所著《肘后备急方》记载"疗狂犬咬人方，乃杀所咬犬，取脑敷之，后不复发"。其后唐代孙思邈在《千金要方》、崔知悌在《纂要方》、王焘在《外台秘要》里都有类似记载，可见古人运用此类方法治疗狂犬病行之有效，并长期流传。还有天花的预防。天花疫苗是世界上最古老的一种疫苗，可以追溯到11世纪，被称为"痘苗"。

清代医学家朱纯嘏的《痘疹定论》记载了一段故事。北宋丞相王旦生了几个孩子都因患上天花而夭折，后来好不容易老来得子，非常担心这个孩子也会染上天花，所以遍访名医，寻找预防天花的方法。最终在四川峨眉山寻得一位在民间声望很高的医生。这个神医在一个药瓶里取出一点药粉涂在孩子的鼻腔里，7天后这个孩子开始发热出痘，等到第12天，痘全部结痂，发烧也好了。这也是史料记载的最早一次天花疫苗接种。

疫苗是将病原微生物（如细菌、立克次氏体、病毒等）及其代谢产物，经过人工减毒、灭活或利用转基因等方法制成的用于预防传染病的主动免疫制剂。疫苗保留了病原菌刺激动物体免疫系统的特性。当动物体接触到这种不具伤害力的病原菌后，免疫系统便会产生一定的保护物质，如免疫因子、活性生理物质、特殊抗体等。当动物再次接触到这种病原菌时，动物体的免疫系统便会依循其原有的记忆，制造更多的保护物质来阻止病原微生物的伤害。

免疫系统在癌症的发生发展过程中也起到关键作用。当体内产生肿瘤细胞后，强大的免疫系统会识别并攻击它。但由于免疫细胞会产生抑制自身的蛋白小分子，这种分子会保证正常机体不被免疫系统误伤，于是肿瘤细胞也利用这种机制从人体免疫系统中逃脱并存活下来。近几年兴起的免疫疗法就是通过培养和处理患者体内的免疫细胞来攻击肿瘤细胞，相比其他传统疗法，可以迅速、持久地清除大量的肿瘤细胞，降低体内肿瘤细胞负荷。

目前免疫疗法中比较成熟的一类就是免疫检查点抑制剂（PD-1/PD-

L1）。PD-1受体是肿瘤细胞逃避免疫攻击最为关键的一个环节，让活化的T细胞（免疫系统杀伤肿瘤最重要的武器，活化就相当于激活武器）无法识别。PD-1和PD-L1分别位于活化的T细胞和肿瘤细胞表面，二者一旦结合，T细胞就会把肿瘤细胞当正常细胞看待，而不对其进行攻击。PD-1抑制剂或PD-L1抑制剂进入身体以后，可以与PD-1或PD-L1相结合，就打断了肿瘤细胞隐藏自己的过程，从而使肿瘤细胞现出原形，无法逃脱免疫系统的攻击，相当于给免疫细胞的抗癌战斗配备了强大的武器和进攻信号。

肿瘤免疫疗法获得了2018年诺贝尔生理学或医学奖，这是人类肿瘤治疗的新纪元。未来的肿瘤治疗一定是以免疫为核心的综合治疗手段。各种靶向性免疫细胞、基因编辑的免疫细胞等新的方法会不断推动免疫领域的进步。免疫治疗的其他手段也正处于积极的研究进展中，虽然有其局限性，比如可能出现不良反应、仅对部分人群有效、治疗周期长等，但相信在不久的将来，人们可以激发出免疫系统攻击肿瘤的巨大潜能，借助自身免疫细胞来杀灭肿瘤，从而达到治愈肿瘤的最终目标。

卵巢癌的治疗和研究现状

1. 卵巢癌是具有挑战性的妇科恶性肿瘤

妇科恶性肿瘤以子宫颈癌，子宫内膜癌发生率较高，卵巢癌占第三位，约占所有女性恶性肿瘤的2.5%。2020年，我国新发卵巢癌5.5万，死亡病例3.75万例，病死率居妇科恶性肿瘤之首。其中，上皮性肿瘤最为常见，占90%以上。卵巢癌全国5年生存率仅30%～40%，发现时约2/3属于晚期，大多数为卵巢上皮癌，手术、化疗难以治愈。70%常在2～3年后复发，复发后再次治疗，进入第二个缓解期，二次复发。一般第二个缓解期会较第一个缓解期明显缩短，往往会出现3～4次复发，反复手术、化疗严重影响患者生存质量，最终不可避免地走向死亡。

2. 手术治疗是卵巢癌治疗的基石

卵巢上皮癌的早期诊断率低，确诊时有70%左右的患者已属晚期。其扩散途径除侵犯邻近器官及淋巴道转移外，腹膜腔种植播散也是重要的扩散方式，可以导致下自盆腔、上至膈肌的广泛盆腹腔腹膜及腹盆腔脏器转移。

尽管目前卵巢癌靶向治疗方面取得一些进展，但手术治疗仍然是治疗的基石。满意的减瘤手术，可以显著延长生存期，如手术后残余瘤灶<0.5厘米，生存期可达40个月以上；残余瘤灶<2厘米，5年生存率约31%；残余瘤灶>2厘米，5年生存率约2.6%，平均生存6个月。故应摒弃转移与扩散即不手术的观念，卵巢癌最严重的失误是放弃手术。满意的手术，需要尽可能切净病灶。为了切净病灶，可能要先做几次先期化疗；需要切除受累的肠管，以及部分肝脏、脾等脏器，争取R0切除（无肉眼可见残留病灶）。由于卵巢癌往往就诊时已经是晚期，多脏器受累，即使是顶尖水平妇科肿瘤专家联合多学科手术，也很难做到R0切除，需要术后进行规范的化疗。

3. 化疗是最重要的辅助治疗

卵巢癌对目前化疗方案中度敏感，目前使用的大多是紫杉醇+卡铂方案（TC），或紫杉醇+顺铂方案（TP），有效率达75%，CR（完全缓解）为30%，有一些病例可达到长期缓解。30年来卵巢癌的化疗经历了三个里程碑时代，即20世纪70年代的烷化剂、20世纪80年代的顺铂类药物和20世纪90年代的紫杉醇。

卵巢癌的一线化疗：由于卡铂毒不良反应较小，多推荐紫杉醇+卡铂方案（TC）。但相比于顺铂，卡铂骨髓抑制较重，估计化疗8程以上者，可以选择紫杉醇+顺铂方案（TP）。另外，由于顺铂有较好的肿瘤组织穿透性，腹腔化疗以顺铂为好。

术后需要规范化疗，重点三要素：及时、足量、足疗程。

最好术后2次化疗后，无可以查见的肿瘤，肿瘤标记物正常。术后2次化疗后，CA125（癌抗原125）降至35U/mL（正常值上限一般30~35U/mL）以内，提示肿瘤负荷小，化疗效果好，预后相对好。最好术后化疗后CA125降至10U/mL以内，再维持4疗程，一般总疗程6~8次。

大部分肿瘤患者反复治疗后产生耐药，一旦耐药，治疗十分被动，故前期治疗中应尽量推迟耐药发生。

4. 术后需要维持治疗

化疗后再继续恰当的维持治疗，争取尽可能延长第一个缓解期。尽量推迟耐药发生。

一线维持：PARPi（一种DNA修复酶抑制剂）适用于BRCA基因（一种直接

与遗传性乳腺癌有关的基因）突变的患者，而中国BRCA基因突变的患者只占20%，加上同源重组缺陷（HRD）共约50%。此50%的患者使用PARPi+贝伐珠单抗可以获益。无同源重组缺陷（HRD）约占50%，虽可以使用贝伐珠单抗维持，但效果明显差于前者，后者应做何调整，还需要进一步临床探索。

二线维持：铂敏感复发，先化疗，达到CR或PR（部分缓解）后，可使用PARPi+贝伐珠单抗维持。另外20%～30%铂耐药复发，不光化疗使用药受限，维持治疗除了贝伐珠单抗，无其他有效药，需要进一步探索。

5. 免疫评分指导卵巢恶性肿瘤诊治

最好在术后1周即开始第一次化疗，此时肿瘤负荷最低，可以起到事半功倍效果。但是由于大手术后，很可能又做了肠切除吻合术，出现贫血、低蛋白血症、感染，一般状况弱，很难于术后1～2周内开始化疗，少数甚至术后1个月还未开始化疗。期间由于抵抗力弱，免疫功能差，肿瘤细胞很可能快速增长，甚至错失治疗时机。

研究发现，妇科肿瘤患者术后3～4周免疫力才能恢复至术前水平。期间需要关注患者一般状况，尽快恢复患者免疫力，让患者能够承受化疗。此时如能够将患者的自体淋巴细胞回输，可快速提高免疫力，如能于术中获取肿瘤细胞，制备高质量的抗原，将自体淋巴细胞做成具备定向杀伤力的CTL（细胞毒性T细胞），将使患者获益。

输卵管与卵巢位置比邻，该部位的恶性肿瘤有时难以辨别是输卵管来源还是卵巢来源，诊治过程中有很多类似的地方，故经常把卵巢/输卵管恶性肿瘤放在一起研究诊治。发病时往往是晚期，治疗及随访过程中需要长期关注免疫力。但是如何量化评估免疫力、如何建立免疫力评估标准体系是亟待解决的问题。

量化全景式呈现免疫力的MISS+MICA免疫状态量化评估体系

免疫量化评分体系（MISS）是在免疫状态评估分析技术（MICA）基础上，即利用流式细胞仪分析，有逻辑性地选择淋巴细胞亚群，通过淋巴细胞功能和数量分析，建立统一的数学算法模型，形成一个最终的免疫评分，应用于临床的免疫监测评估体系。

MICA分析技术涉及T细胞、T辅助/诱导淋巴细胞、T抑制/毒性淋巴细胞、T辅助/诱导淋巴细胞与T抑制/毒性淋巴细胞比例等60项淋巴细胞亚群的绝对值和相对值数据，分别赋予这些淋巴细胞亚群不同的权重经过逻辑性算法，形成MISS免疫力评分。将正常健康人群的免疫评分设为0分，负分过低和正分过高分别代表免疫抑制和免疫水平激活。

在肿瘤患者的评估中，发现将近90%的肿瘤患者MISS评分是负分，提示肿瘤患者普遍的免疫状态下降。

MISS+MICA免疫状态量化评估体系可以针对肿瘤放化疗效果评估敏感性，指导肿瘤放化疗治疗和免疫靶向药物选择，为细胞治疗项目提供治疗前后的疗效观察和治疗指导建议。

6. 卵巢恶性肿瘤免疫治疗

免疫治疗主要包括三个层次的治疗选择，即免疫检查点抑制剂治疗，免疫细胞因子治疗，还有免疫细胞治疗。

免疫治疗的风险： 免疫治疗前需要充分评价风险，大多数风险可控，少数可出现肠穿孔、大量出血、免疫性肝炎或肺炎、心脏损伤、细胞因子风暴等，甚至危及生命。

卵巢癌的免疫治疗：除了PARPi、贝伐珠单抗外，目前其他免疫治疗在卵巢癌治疗中使用率还不高，需根据基因检测结果，选择可能有效的药物。

目前临床使用的免疫细胞治疗以自体"DC（树突状细胞）+CTL（细胞毒性T细胞）"组合为主，也可以根据检测结果，选择自体NK细胞，自体细胞比较安全。自体免疫细胞治疗是可提高免疫力、消灭残存肿瘤细胞的个体化多靶点免疫细胞治疗。该方法在降低化疗不良反应方面效果确切，抗卵巢肿瘤效果尚需时间观察。需要说明的是，需要在手术时留取肿瘤细胞，才能制备高质量的肿瘤抗原，做出高质量的自体DC+CTL。

自体免疫细胞回输治疗亚健康人群，治疗后效果惠及多个器官系统，可显著提高免疫状态，使患者多种症状改善，如睡眠改善、精力增强、消化改善、情绪平和等。

7. 免疫细胞治疗与化疗后骨髓抑制

化疗后多会出现骨髓抑制，停止化疗7～10天抑制达到最低，持续2～3天；一般停止化疗后14天骨髓抑制解除。骨髓抑制会出现中性粒细胞下降、贫血、血小板下降，患者自觉虚弱、乏力、纳差、腹胀、头晕，易罹患各种感染甚至出血。故在骨髓抑制期间给患者进行免疫细胞治疗，除可以杀伤肿瘤细胞外，还可以尽快缓解患者的各种不适，减轻化疗的毒副反应，增加化疗的依从性。

2017年12月—2022年12月于免疫研究所行自体免疫细胞治疗的妇科肿瘤患者统计数据如下：

自体免疫细胞回输47人（138人次）。其中，DC+CTL134人次，NK细胞4人次。卵巢癌30人，子宫恶性肿瘤13人，完成3次及以上回输30人，其中卵巢癌18人。

安全性观察：138人次自体免疫细胞回输，有2例出现高热，对症治疗缓解，此2例患者均为恶性肿瘤Ⅳ期术后复发，肿瘤负荷大，可能为抗肿瘤治疗有效，与组织坏死释放的炎症介质有关。

约30人次出现一过性怕冷、腰部酸痛、皮疹、类似轻度过敏反应，部分使用苯海拉明抗过敏，部分未予处理、自行缓解；未出现过敏性休克病例；未出现免疫性肝炎或肺炎、心肌炎等严重免疫疾病；用药后1周无死亡病例。

可见，自体免疫细胞回输安全性好，好于目前临床使用的大多数免疫制剂如抗血管生成药物、免疫检查点抑制剂等。

有效性评价： 完成3次及以上回输卵巢癌患者18例，有7例至术后3年未复发，约占39%。既往常规治疗，术后2～3年会有70%复发，只有30%不复发。与此对比，似乎有效；但病例少，时间短，不能得出明确结论。

8. 自体免疫细胞应用案例

目标 减轻化疗不良反应，增加化疗剂量

患者50岁，2019年7月因"大量腹水，盆腹腔肿物"在微小腹腔镜下活检，见双卵巢肿物、大网膜呈块状、多个部位病灶直径大于2厘米，病理分析为腺癌。于2019年8月1—2日和2019年8月22—23日两次先期化疗，2019年9月10日开腹中间型细胞减灭术，效果满意，R1切除（残留病灶最大直径小于1cm），残余腹膜上病灶直径不超过0.5cm。手术病理诊断为双卵巢高级别浆液腺癌ⅢC期，术后24小时顺铂腹腔热灌注1次，因灌注后出现盆腔术后出血，未再热灌注。

术后第一次化疗后，患者出现骨髓抑制Ⅲ度，并且出现难辨梭形杆菌感染，反复腹泻，患者一般状况弱。第二次化疗前评价：此时术后已经42天，第一次化疗后已经24天（一般21天一次化疗），患者骨髓抑制未完全缓解，体重较术后第一次化疗时减轻1千克，MISS评分"–4分"。故于第二次化疗前采血行DC+CTL细胞培养制备，化疗后10～14天回输。治疗后患者食欲迅速改善、睡眠好、乏力及腹泻症状缓解，如期第三次化疗。后患者主动要求继续后两个疗程DC+CTL自体细胞回输。

患者首次就诊时，肿瘤标志物CA125为3691U/mL，术后2次化疗后降到10U/mL以内，说明减瘤术满意，化疗敏感。术后一共化疗8次，此后CA125均在10U/mL以内（见图2.1）。

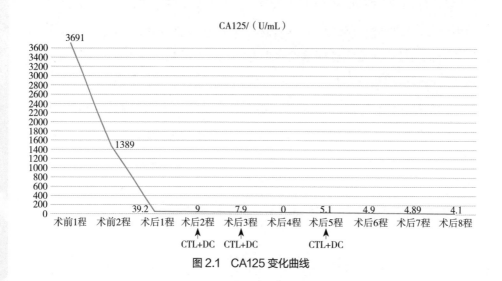

图2.1　CA125 变化曲线

中性粒细胞下降反映骨髓受抑制的状况。术后2程前评价，患者中性粒细胞降至1.38×10^9/L，正常区间（1.8～6.3）10^9/L，随着患者的一般状况好转，中性粒细胞上升至满意水平（见图2.2）。

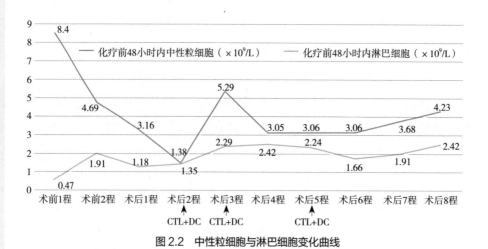

图2.2　中性粒细胞与淋巴细胞变化曲线

术前1程评价，患者淋巴细胞降至0.47×10⁹/L，正常区间（1.1～3.2）×10⁹/L，已低于正常低限50%，提示此时的免疫状态差。术后1程前评价，淋巴细胞上升至1.18×10⁹/L，属于正常低限，肿瘤患者最好在（1.3～3.2）×10⁹/L。随着患者一般状况好转，淋巴细胞上升至满意水平，即使在化疗期间，最低也达到1.66×10⁹/L。

随着患者一般状况好转，从术后5程开始，增加顺铂用量5mg/m²，至术后8程，增加10mg/m²，达到80mg/m²，这在卵巢癌化疗中，剂量偏大（见图2.3）。

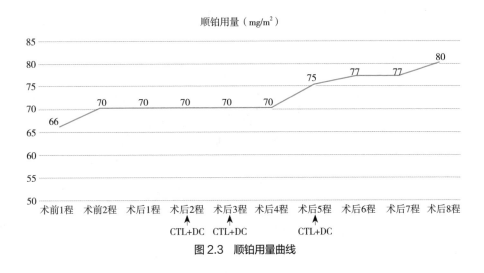

图2.3　顺铂用量曲线

患者术后2程前体重45千克，较就诊时减少8千克，后逐渐上升，于术后8程化疗时，增加了8千克（见图2.4）。在化疗同时，增加体重8千克，难能可贵。

术后化疗8程，其中5次顺铂腹腔灌注化疗，化疗结束后，由于HRD（＋），建议口服奥拉帕利靶向药维持治疗，患者拒绝，改为中药调理，目的在于改善体内微环境，遏制肿瘤复发。根据建议，患者坚持中药调理至术后3年，每年MISS+MICA检查一次，术后1年、2年、3年评分分别为+4、+2、+4。术后2年，评分为+2时，做了一次免疫细胞回输。目前患者已经术后3年半，无瘤生存。

按照术后2～3年70%复发的标准，患者预后良好。治疗效果满意的主要原因可能是满意的减瘤和规范的化疗。DC+CTL的抗肿瘤效果目前还不确定，但其在协助规范化疗方面，效果较明显。

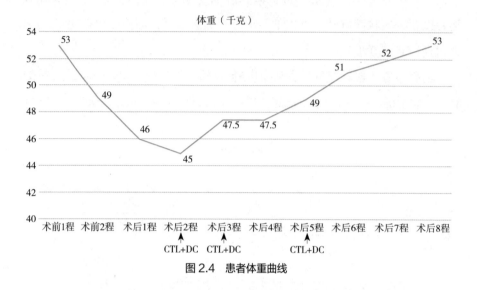

图 2.4　患者体重曲线

Part 3
免疫力和心脑血管疾病的那点事

忧伤足以致命！
——威廉·莎士比亚（英国文艺复兴时期剧作家）

3.1 免疫和心血管病

心血管病是一种严重影响生活质量的疾病，无论是从经济角度、家庭角度，还是从健康角度来讲，唯有预防才是万全之策。目前该病的发病率呈逐年上升趋势，发病年龄呈年轻化，早一日预防，早一点安心。

在心血管病的发病原因中，动脉粥样硬化是主要原因。动脉粥样硬化，顾名思义，就是动脉内壁上附着了外观像稠粥一样的硬块。由于血液受到各种因素影响，如血黏度升高造成血脂（胆固醇和/或甘油三酯）升高，使大量脂类沉积在血管内。这些物质沉积在血管壁上形成动脉粥样硬化斑块，使血管腔变窄、管壁变厚，最终导致相应供血区域组织缺血坏死。心肌细胞只有一次生命，当细胞坏死凋亡后，取代它的是纤维细胞等其他组织，不再具有"泵"功能。

心律失常也是一种常见心脏疾病，给人体带来严重的危害。近些年，年轻人群的心肌梗死、脑梗死和心律失常等疾病越来越高发，引起研究学者的重视。免疫因素在预防心血管病方面的作用越来越受到关注。

心血管病主要的危险因素

年龄、性别

本病患者男性多于女性，多发生于40岁以上的男性和绝经期女性。

血脂异常

血脂异常是动脉粥样硬化最重要的危险因素。总胆固醇、甘油三酯、低密度脂蛋白增高，高密度脂蛋白减低，载脂蛋白A降低，载脂蛋白B增高，都被认为是危险因素。

高血压

血压增高与心血管病密切相关。60%～70%的冠状动脉粥样硬化患者有高血压病史，高血压患者患心血管病较血压正常者高3～4倍。

吸烟

吸烟者（包括被动吸烟）比不吸烟者的发病率和病死率增高2～6倍。

糖尿病和糖耐量异常

糖尿病和糖耐量减低患者本病发病率高。

其他因素

肥胖，缺少体力活动，进食过多的动物脂肪、胆固醇、糖和钠盐的食物，以及遗传因素等。还有血同型半胱氨酸增高、胰岛素抵抗增强、血纤维蛋白原与一些凝血因子增高、病毒或衣原体感染等。

免疫系统是保护机体免受外界侵害和内部病变的一种天然防御系统。在心血管病发病机制的研究中，人们发现自身免疫反应参与了许多心血管病，如心肌炎、心肌病、心肌梗死、高血压心脏病、心力衰竭等疾病的发生发展。心肌出现自身免疫性炎症反应时，细胞免疫和体液免疫都参与了心脏的病理性重构，影响细胞外基质降解、胶原沉积，以及心肌细胞肥大、凋亡，引起血管损伤导致心肌细胞缺血，或者直接影响心肌细胞的收缩性。

另外，自身免疫性疾病和心血管病之间存在相互关系。研究表明，患自身免疫性疾病的患者更容易发生心血管病，如类风湿关节炎和系统性红斑狼疮的心血管病风险增加。情绪心理因素影响免疫力，免疫力下降或失衡，导致血管内皮容易出现慢性炎症，成为硬化斑块的易发之地，也会引起细胞传导节律的失常。免疫功能下降致使自身免疫性疾病易发生，因此免疫失调也增加了心血管病的发病率。

新冠病毒感染曾诱发很多人发生心脑血管疾病，反复感染后，年轻人的心肌梗死、脑梗死等意外有所增多。2022年，美国心脏病学会（ACC）发布了关于成年人新冠病毒感染心血管后遗症的定义、发生率和处理方法等的建议，其中对于糖皮质激素的使用给予了肯定。这也间接证实了新冠病毒导致的免疫风暴与心肌炎等心血管病后遗症的发生有相关性。

免疫系统的失衡也是心脑血管疾病发生的高危因素。严重的免疫失衡，会导致心脑血管的神经体液调控出现突然宕机状态，出现血管痉挛导致意外发生；同时也会诱导节律异常，引起相关临床症状。通过免疫细胞调节等手段，改善免疫异常，提高免疫平衡水平，将带来心脑血管疾病的治疗新突破。

血压、血脂和血糖等代谢问题，都和免疫力失衡有关，特别是越来越多的年轻人长期熬夜、焦虑引起的心脑血管问题，背后都是免疫惹了祸。因此监测免疫力，评估免疫系统的平衡状态，及时调整、管理失衡的免疫力，是预防心脑血管疾病的重要方向。

3.2　免疫和缺血性脑卒中

脑卒中是继心脏病和癌症之后的第三大死因，具有高发病率、高复发率、高死亡率和高致残率的特点，主要分为缺血性脑卒中和出血性脑卒中，其中缺血性脑卒中占85%。缺血性脑卒中是指由于脑的供血动脉（颈动脉和椎动脉）狭窄或闭塞，脑供血不足导致的脑组织坏死。如果把整个大脑比作稻田，脑血管就是灌溉的沟渠，那么，脑出血是涝灾，脑梗死则是旱灾。随着神经退行性病变研究的不断发展，缺血性脑卒中的相关研究也有了新进展。人体作为一个高度精密调控的整体，在脑卒中这一应激事件发生后，机体发生了非常复杂的分子、细胞、神经内分泌网络相关的免疫炎症反应。这一过程伴随缺血脑组织局部和全身各系统免疫状态改变。了解炎症因子分子机制有助于改进缺血性脑卒中的治疗方式和改善患者预后。

正常情况下，完整的血脑屏障使中枢神经系统与外周免疫系统分离，使大脑成为"免疫赦免"器官。缺血性脑卒中发生后数小时，由于血液灌注不足，脑组织缺乏代谢所需的氧气、葡萄糖；能量产生不足，致使一些毒性代谢产物在局部堆积，如兴奋性毒性产物、酸性代谢产物、氧化应激产物和炎症介质等，引起广泛神经元死亡。死亡的神经元通过释放损伤相关分子模式（DAMPs），如ATP（三磷酸腺苷）、HMGB1（高迁移率族蛋白B1）等，诱发固有免疫炎症反应。DAMPs还作用于小胶质细胞。小胶质细胞上的模式识别受体（PRR）激活，可促进白介素–1β（IL–1β）、肿瘤坏死因子α等炎性细胞因子的产生；同时星形胶质细胞及血管内皮细胞可通过释放IL–17、颗粒酶、活性氧及穿孔素等共同营造脑内炎症环境。氧化应激反应产生的基质金属蛋白酶（MMP）可使血脑屏障内皮细胞间紧密连接蛋白表达减低，星形胶质细胞上的水通道蛋白4（AQP4）的表达增加也加重了脑水肿，细胞内骨架蛋白的改变同样可改变细胞外周间隙。

上述过程可导致血脑屏障通透性增大，完整性受到破坏，失去原有保护功能。中性粒细胞、巨噬细胞和淋巴细胞等炎性细胞在促炎细胞因子的作用下进入缺血灶，浸润脑组织，形成慢性炎症微环境。血脑屏障破坏可能是缺血性脑损伤免疫紊乱的病理基础。相关研究发现，脑卒中后血脑屏障的破坏有两个时相。第一个时相发生在卒中后2~3小时，通过MMP-2介导血管源性水肿；第二个时相是卒中后24~48小时，通过MMP-3和MMP-9、环氧化酶-2、内皮细胞间紧密连接蛋白重新分布和白细胞渗透介导炎症反应。缺血性脑卒中的发生导致血脑屏障破坏，同时血脑屏障破坏又诱发和加重神经功能损伤。

免疫细胞在卒中病变过程中发挥多重作用，既有利又有弊。脑卒中相关免疫细胞主要包括：单核细胞、中性粒细胞、星型胶质细胞、淋巴细胞等。单核细胞可分化为不同的巨噬细胞M1型和M2型。M1型分泌促炎细胞因子，介导卒中后免疫炎症反应；M2型分泌抗炎细胞因子，如IL-10、TGF-β（转化生长因子-β），可促进炎症消退。中性粒细胞在卒中发生后数小时内，从外周循环快速、大流量渗透入中枢神经系统，堆积在脑微血管内释放蛋白水解酶、活性氧类破坏血脑屏障，在血脑屏障破坏的第二时相渗入脑组织，介导内皮损伤、临近血管破坏和出血转化。星型胶质细胞表达炎性因子，介导免疫炎症，加重神经损伤；反应增生形成纤维瘢痕，阻碍轴突再生；此外，星型胶质细胞还可以分泌神经营养因子，促进神经细胞生成和增强神经可塑性。淋巴细胞进入中枢神经系统后，通过识别中枢神经系统抗原介导自身免疫炎症反应，加重脑组织损伤，同时促进神经再生和损伤修复。

急性缺血性脑卒中发生后约30%患者合并感染，可能是由于中枢神经系统和外周免疫器官之间反馈回路形成后，机体为降低免疫炎症反应对缺血组织的再次损伤而抑制外周免疫功能，即卒中后免疫抑制反应（SIID）。这是机体的一种自我保护反应，主要表现为外周单核细胞、淋巴细胞减少及功能失调，脾脏、淋巴结等免疫器官萎缩。SIID虽然能减轻脑卒中的再次损伤，但同时也增加了患者感染率，容易出现不良预后。

总而言之，在急性脑卒中发生后，局部缺血脑组织、外周免疫系统、免疫炎症细胞以及免疫炎症介质均发生明显变化，这些变化在缺血性脑卒中病理发展过程中起重要作用。深入研究缺血性脑卒中后免疫炎症反应，明确神经炎症分子机制，为卒中后神经功能缺损的病理机制提供新的理论依据以及缺血性脑卒中免疫治疗的靶点；同时，免疫调节制剂和免疫调节的干预措施也受到越来越多的关注。

3.3 免疫和脑血管淀粉样变性

淀粉样脑血管病（CAA）是由于β-淀粉样蛋白（Aβ）沉积在大脑皮质和大脑内动、静脉引起的一种血管病变。大多数情况下，CAA是一种与年龄相关的非炎症性疾病，发病率随年龄增长而增加，与脑出血、脑梗死、脑白质病和阿尔茨海默病有关。然而，一些特殊CAA会产生与Aβ相关的炎症反应，这种病变需要免疫抑制治疗控制病情。炎症性CAA主要包括两种亚型：一种是淀粉样脑血管病相关炎症（CAAri），病变发生在血管周围，但未损伤血管壁；另一种是Aβ相关脉管炎（ABRA），病变表现为血管壁炎症。炎症性CAA的平均发病年龄比非炎症性CAA年轻大约7岁，而且影像学上表现为更广泛的脑白质异常。

炎症性CAA主要临床表现为急性或亚急性认知功能障碍和功能减退，局灶性或多灶性神经功能障碍（如轻偏瘫、偏瘫、偏盲、失语），新发癫痫，以及癫痫发作伴随神经功能缺陷，严重时可能产生意识丧失。症状主要表现为头痛，还可能出现头晕、恶心、呕吐，一般没有全身症状。神经功能缺失的定位与炎症分布部位相符，炎症局限于中枢神经系统，特别是幕上和皮质下。

目前对炎症性CAA的发病机制尚不完全了解。既往研究认为，炎症可能缓慢增加血管通透性，循环淀粉样前体流入增多，进而导致受损血管中淀粉样蛋白产生。而最近研究更倾向于其发病机制可能是淀粉样蛋白继发肉芽肿反应。CAAri病理活检可见淋巴细胞组成的血管套，在淀粉样沉积物周围可见多核异物巨细胞，可包围并吞噬淀粉样蛋白，这证实炎症性CAA的病因可能与淀粉样蛋白的异物反应有关。ABRA病理主要表现为淋巴细胞浸润血管壁的真性血管炎，并伴肉芽肿形成。ABRA和CAAri患者脑脊液中已发现抗Aβ自身抗体，且抗体滴度随着皮质醇免疫抑制治疗而降低。

炎症性CAA诊断主要基于临床表现和影像学结果，其磁共振成像（MRI）典型表现为皮质白质广泛T2/FLAIR（磁共振序列之一）高信号，高信号区通常较大且融合，包含一个或多个叶区，且伴有皮质/皮质下分散微出血点。实验室检查不具有特异性，只有少部分患者C反应蛋白（CRP）、血浆黏度等炎症指标升高。大多数患者存在脑脊液异常，表现为轻至中度蛋白升高，有时伴淋巴细胞增多，但是脑脊液抗Aβ抗体检测尚未推广使用。

炎症性CAA治疗目前主要采用免疫抑制治疗，且存活率已逐步提高。目前发现糖皮质激素长期治疗可以消退炎症反应，对炎症性CAA有效。此外，严重的炎症性CAA还可加用细胞毒性药物环磷酰胺，能够更好更快地控制病情发展，但是使用环磷酰胺之前应行脑和软脑膜活检。MRI T2/FLAIR高强度信号与临床症状严重程度相关，可用作衡量治疗是否成功，而再次出现T2/FLAIR高信号可能提示复发。结合临床表现和影像学结果，临床治愈患者可逐渐停药，但需定期随访复查。

3.4 免疫和脑小血管病

脑小血管病（CSVD）是一种慢性血管内皮损伤为主的脑血管疾病，特征为反复发作的脑卒中，伴有直接脑血管损伤和继发神经变性，是神经外科常见病理变化，占脑卒中的20%～25%和阿尔茨海默病的45%。脑小血管病是老年人常见的隐袭性脑血管病，因其临床表现存在"寂静"现象，所以容易被患者及医务工作者忽视。CSVD主要累及脑内小血管，包括小动脉、微动脉、毛细血管和小静脉。小血管网络始于从大脑大动脉和软脑膜小动脉分支的穿支小动脉，穿过脑实质，流入毛细血管床，最终成为小静脉流入静脉。小血管主要起调节脑血流作用。此外，脑大、小血管共同构成脑血管树，嵌在神经血管单元（NVU）中，NVU由神经元、星形胶质细胞、血管内皮细胞、血管周细胞和血管平滑肌等组成。

流行病学调查显示，CSVD患病率随年龄增长而增加，90岁以上人群几乎100%受累，且无明显性别差异。已知病因和危险因素主要包括：年龄、高血压、动脉粥样硬化性疾病、淀粉样脑血管病、辐射曝露、免疫介导的血管炎、某些感染和遗传性疾病，其中最重要的可变因素是高血压（血压≥140/90mmHg）。

CSVD与腔隙性脑卒中、微量出血、血管周围间隙增大、脑白质疏松症及皮质萎缩有关。腔隙性脑卒中占缺血性脑卒中的20%～30%，可出现少量或微量出血，这类脑卒中往往是"悄无声息"地发展。反复多次的腔隙性脑卒中会导致弥漫性脑白质高密度、脑萎缩以及血管周围间隙增大，导致发生阿尔茨海默病的风险增加。这些病理性小血管和脑变性造成的局部缺血或出血统称为CSVD，典型病理特征是血脑屏障损伤、慢性炎症反应和白细胞浸润。已有研究证实，免疫反应是导致脑卒中病情发展的重要因素。CSVD反复发作的轻度脑卒中会导致血脑屏障受损，血浆成分细微、持久且广泛外渗，中枢神经系统抗原释放入外周循环，淋巴细胞浸润脑组织。此外，在血脑屏障破坏过程中，NVU中的血液蛋白（如纤维蛋白原等）向外周扩散并转化为纤维蛋白，可诱导小胶质细胞激活和增殖，触发趋化因子和细胞因子释放，并刺激白细胞募集，引起外周炎症细胞迁移至中枢神经系统，形成慢性炎症微环境，促使激活的淋巴细胞与中枢神经系统抗原结合。目前已经在腔隙性脑卒中患者外周血中发现来自大脑的抗原，并且在脑白质疏松症患者的外周血中检测到针对大脑抗原的抗体和致敏T细胞，这证实CSVD脑损伤存在体液免疫异常。

由于CSVD发病机制尚不完全了解，目前的治疗方法主要依据风险因素、严重程度以及临床后遗症等进行对症处理。理论上，减轻由复发性脑损伤引发的慢性和弥漫性神经炎症以防止脑神经变性是对抗CSVD的可行策略，但是目前研究无法探明免疫系统与中枢神经系统之间的复杂相互作用，仍需要进一步研究以明确CSVD病变中自身免疫过程，促进CSVD有效干预措施的发展。

3.5 免疫与烟雾病

烟雾病（MMD）是一种病因尚不明确的罕见脑动脉疾病，年发病率为0.94/10万～4.3/10万。其典型特征是颈内动脉末端、大脑中动脉和大脑前动脉起始段等主要脑动脉进行性狭窄或闭塞，伴随脑底形成代偿性增生的异常血管网，引起血流动力学变化；异常增生的侧支血管网在脑血管造影形似烟囱里冒出的袅袅炊烟，日语称为moyamoya，因此被形象地称作"烟雾病"，也称为Moyamoya病（MMD）。2021年修正了放射学诊断发现，即单侧和双侧病例均可诊断为MMD。

MMD临床表现通常是由于颈内动脉和相关近端动脉的进行性狭窄和闭塞，以及脆弱的侧支烟雾血管形成所导致的血流变化，导致暂时性或持久性脑灌注不足或脑缺血伴脑梗死，进而出现局灶性神经症状，如言语功能障碍（构音障碍、失语症）、运动障碍、感觉障碍、视觉症状、不自主运动、癫痫发作、意识变化以及认知功能障碍。此外，可能出现人格改变、抑郁等精神症状。在儿童时期，咳嗽或哭泣可引发二氧化碳减少，导致血管收缩和进一步脑灌注不足，致使MMD发作。在成人中，约一半病例的首发症状表现为颅内出血，主要是由于扩张最大的侧支烟雾血管破裂，多发于前循环区域。

MMD好发于东亚人群，并且与1型神经纤维瘤病、21-三体综合征（即小儿唐氏综合征）、ACTA2（一种肌动蛋白）和SAMHD1（一种磷酸水解酶蛋白）基因突变等遗传性疾病相关，这些都表明MMD发病与遗传因素相关。目前已经证实位于17号染色体的（环指蛋白213）RNF213，也称为Mysterin是MMD的易感基因，但是遗传易感个体的外显率较低，这表明MMD发病还存在第二次打击。近期，一些分子生物学研究发现RNF213是一种多功能蛋白，具有免疫和适应性免疫的作用，免疫相关功能包括抗感染反应、抗原摄取和呈递，以及激活核因子κB（NF-κB）。诸多分子生物学和临床证据表明，异常的免疫相关反应是导致MMD发病的第二次打击。

根据现有临床证据，MMD与自身免疫病和感染存在联系。毒性弥漫性甲状腺肿（即Graves病）是一种常见自身免疫性疾病，常导致甲状腺功能亢进。一项研究证实，Graves病可与MMD并存，且患Graves病的MMD患者病情进展更快，卒中发生率也明显增高。其他研究分析认为，Graves病可能是成人MMD患者疾病进展的一个独立因素，二者可能存在共同致病机制。除了Graves病，其他较不常见的自身免疫病，如结节性多动脉炎、重症肌无力、系统性红斑狼疮、Addison病（阿狄森氏病，即原发性慢性肾上腺皮质功能减退症）、皮肌炎、Sjögren综合征（干燥综合征）、原发性系统性脉管炎等，也与MMD相关。此外，有病例报告提示，流感嗜血杆菌、肺炎链球菌、结核分枝杆菌和痤疮丙酸杆菌等引起的细菌性脑膜炎患者也可出现烟雾样血管病变。除了细菌感染，病毒感染后报告MMD的病例也在逐年增加，目前推测与感染触发的自身免疫反应介导血管病变发生有关；同时，感染后抗磷脂综合征相关抗体β2-GP1滴度增高，提示可能存在对病毒感染的异常免疫反应，导致MMD的易感性增加。

如上所述，RNF213是一种多功能蛋白质，参与脂滴稳定、脂毒性、WNT/NF-κB信号通路、炎症等重要细胞过程，这些功能可能存在关联。近期有研究发现RNF213还是一种重要的抗菌蛋白，这一功能加强了感染或异常免疫反应对MMD发病的第二次打击。

总而言之，目前临床和基础研究已经阐述了感染或免疫相关触发因素MMD发病的第二次打击的论点，仍然需要后续研究来进一步阐明RNF213、感染、先天免疫和进行性动脉狭窄之间的关系。研究过程中，MMD可以作为研究免疫相关血管反应的模型，明确细胞免疫与血管疾病发生相互作用的基本过程。

3.6 免疫与蛛网膜下腔出血

动脉瘤性蛛网膜下腔出血（SAH）是指颅内动脉瘤破裂后血液聚集在蛛网膜下腔，是一种相当严重的常见疾病，可导致较差的神经预后。蛛网膜下腔出血绝大多数为突然起病，突发性剧烈头痛，经常被描述为"这辈子前所未有的头痛"或是"雷击样头痛"。30%～50%的SAH幸存者出现迟发性神经功能障碍（DND），目前认为DND是由迟发性脑缺血（DCI）引发的继发性脑损伤所引起的。近期研究发现，缺血性和非缺血性脑损伤都能引起DND，同时，中枢神经系统免疫系统激活是DND发展的关键因素。

SAH后中枢神经系统损伤可分为急性期、亚急性期以及延迟和慢性期三个阶段。急性期或早期脑损伤发生于出血后24小时之内，也称SAH后早期脑损伤（EBI），此时可观察到神经元细胞凋亡、自噬、坏死和坏死性凋亡。神经元坏死导致炎症分子（如HMGB1）释放，进一步激活小胶质细胞，促进血源性固有免疫细胞募集、血脑屏障通透性增加以及神经元丢失增多。亚急性期是指出血后1～3天，此时可观察到更多神经元和神经胶质细胞损伤，但是关于这一时期的相关研究较少。延迟损伤期是指出血后3～14天，是认知障碍出现的主要时期；在此期间，急性期观察到的水肿、脑出血、颅内压升高等损伤出现消退，迟发性脑血管痉挛发生。发生损伤14天后进入慢性期，在第14～28天小胶质细胞达到第二个峰值；小胶质细胞的激活能减少神经元细胞死亡，此时大脑功能开始恢复，脑室下区和颗粒下层的神经再生增加，这表明大脑正在进行自我修复，是有利于最大限度进行大脑修复的干预时间窗。

尽管已经明确炎症参与SAH病程，但是我们对脑实质支持细胞、外周免疫细胞发生的变化，以及对蛛网膜下腔出血后迟发性神经功能障碍病变过程仍然了解甚少。充分了解SAH全阶段大脑中细胞和分子变化，有助于开发最大程度减轻病变对人体损伤的有效治疗方法。

心情愉悦的人，体内的抗体——免疫球蛋白明显高于心情低落的人。好的心情能充分调节机体神经、内分泌、心血管系统功能。相反的，情绪悲观、负能量的人机体免疫力严重降低，更容易患消化性溃疡、神经衰弱、心脑血管疾病、癌症等多种疾病。

Part 4
免疫力和自身免疫疾病的那点事

> 免疫系统是身体最好的守护者。
>
> ——徐迎新（中国人民解放军总医院普通外科研究所原副所长）

4.1　免疫和过敏

什么是过敏

过敏，顾名思义就是过于敏感，又被叫作超敏反应或变态反应，是由免疫机制诱导产生的。简单来说，就是我们的免疫系统对身体外部的物质反应太过敏感。为什么会出现这种情况呢？正常情况下，我们体内的免疫系统是一道防线，用以消灭入侵的有害物质。但是，当过敏体质的人接触到过敏原时，过分"激动"的免疫力就会让我们过敏。

当某些物质，如花粉、粉尘、异体蛋白、化学物质、紫外线等第一次进入机体时，与肥大细胞或嗜碱性粒细胞结合，产生白三烯、前列腺素等过敏因子，但是并不会立即让我们过敏。此状况有的会维持2～3天，有的会维持数月。当机体第二次接触这种过敏原时，肥大细胞才会大量释放过敏因子，并使我们过敏。

这种过敏现象，表现为免疫系统把对多数人无害的物质标识为"有害"物质，并下发动员令，号召防御部队抗体进行抵抗，于是各种作用强烈的化学因子被释放到组织和血液中。严重的过敏反应也很危险，例如哮喘可能导致窒息，某些药物过敏如青霉素过敏可能导致过敏性休克甚至死亡。几乎所有物质都可能成为过敏原，比如尘埃、花粉、药物或食物，它们作为抗原刺激机体产生不正常的免疫反应，从而引发变应性鼻炎、过敏性哮喘、荨麻疹、变应性结膜炎、食物过敏、食物不耐受等状况。

一般认为，过敏反应多发生在青壮年身上，这是因为他们的机体正处于鼎盛时期，免疫系统功能旺盛。当人体逐渐衰老，免疫系统功能下降时，过敏性疾病的发病率反而会下降。因此，治疗上经常应用免疫抑制药物，有些治疗效果显著，有些人耐药，治疗不见明显效果。

其实，过敏反应并不代表机体的免疫力很强、很好。我们可以看到，过敏反应的实质是免疫反应，也就是一种防御反应。它实际上是一种病理性免疫增强，是相对过强，是免疫失衡所致。更常见的是某些免疫细胞亚群的功能低下，导致其他免疫细胞亚群代偿性激活，产生病理性攻击。或者免疫细胞亚群之间不能互相平衡调控，出现了过敏情况。因此，有些过敏是免疫力低下所致，使用提高免疫力的药物，可能达到意想不到的效果。

导致过敏的因素主要有两个：外在因素是由于过敏原以及精神压力、疲劳等导致的免疫力失衡；内在因素是由遗传基因所决定的，是先天性的过敏体质。过敏体质与遗传有很大的关系，但即使遗传了过敏性基因，也可能不发病，只有当后天的一些诱发因素使免疫失衡，这部分基因出现异常时才会发病。因此，过敏反应是可以预防、可以改善的，关键是不要让我们的免疫失衡。

出现这些症状，可能是过敏了

经常鼻子发痒

进出空调房或是在温差大的早晨和夜晚，鼻痒难耐、狂流鼻涕。

熊猫眼

有研究发现，67%的过敏性鼻炎患者有黑眼圈，且眼袋颜色较黑、面积较大。

鼻塞很久都没好

感冒引起的鼻塞，通常一个多星期会好。如果持续鼻塞，很可能是过敏所致，容易并发鼻窦炎、鼻息肉、睡眠障碍、气喘或头痛。

呼吸时有"咻咻"声

尤其运动过后明显，且反复发作，很可能是气喘性过敏。

皮肤非常痒

皮肤发痒，搔抓引起疹子，导致更痒，如此恶性循环。

荨麻疹

皮肤出现疹子，很像被蚊子叮过之后的肿块，一段时间会自行消退，可能是荨麻疹。

疲倦无力

过敏反应有可能让免疫系统过亢，也会使人疲累。

常见过敏原与过敏的分类

引起过敏的物质很多，存在于空气、食物、药物、日用品中，这些物质被叫做"过敏原"。过敏原依据进入人体的途径分为：①饮食性过敏原：如海鲜、果仁、香料、牛奶、鸡蛋、含有酒精的饮料等均可能引起皮肤过敏——荨麻疹。②接触性过敏原：如化妆品、染发剂、紫外线、指甲油等。③吸入性过敏原：主要通过呼吸进入呼吸道引起过敏，如柳絮、花粉、虫螨、粉尘等。④注入性过敏原：注射用青霉素、血清制品及其他注射药品等，还包括蚊虫叮咬。

过敏主要分为5类。

Ⅰ型过敏，也称为速发型过敏反应。始作俑者是黏膜上的肥大细胞，属于遇到抗原立刻引发症状的即时型反应。花粉过敏是肥大细胞释放组胺引发的炎症反应。荨麻疹、支气管哮喘、食物过敏也属于Ⅰ型过敏的症状。过于激烈的过敏反应可以引发过敏性休克，甚至导致死亡。

Ⅱ型过敏也被称为细胞伤害型过敏。当IgG和IgM这两类抗体把自体细胞当作抗原来结合时，形成的活性补体在正常细胞膜上开孔，引发以抗体为攻击对象的巨噬细胞和NK细胞吞噬或损伤正常细胞。以输错血型为例，A型血的人携A型抗原，同时也携带B型抗体。当给A型血的人输入B型血时，B型血液与体内B型抗体结合，免疫系统就会攻击A型血的人的红细胞。

Ⅲ型过敏也被称为免疫复合型过敏。血液中的抗原与抗体和补体结合，形成免疫复合体，复合体随血液流动，所及之处的周围组织被机体免疫系统攻击伤害。因免疫复合体造成脏器、组织伤害的，伤害范围局限的称为阿瑟氏（arthus）反应，全身性伤害的称为血清病。以溶血性链球菌感染后造成的肾小球肾炎为例：被溶血性链球菌感染后，机体将细菌的一部分识别为抗原，针对该抗原制造抗体，然后形成该"抗原+抗体+补体"的免疫复合体。这种免疫复合体流入肾脏后，侵袭附着在过滤血液形成尿的肾小球上，引发炎症。

Ⅳ型过敏，也称为延迟型过敏反应。Ⅰ～Ⅲ型过敏是以抗体为主引起免疫反应过度的体液免疫；而Ⅳ型过敏则属于细胞性免疫，由T细胞引起过度的免疫反应。与抗体引发的过敏相比，细胞性免疫发生过程更长。检查是否患有结核病时使用的结核菌素反应就是利用Ⅳ型过敏反应的检查。携带结核杆菌的人体内已经产生了记忆，注射从结核杆菌中提取的抗原（结核菌素）后，T细胞就开始工作并引起炎症反应。此外，接触性皮炎也是Ⅳ型过敏反应，针对引起接触性皮炎的物质，机体通常不制造抗体，而是T细胞与它们发生反应。

Ⅴ型过敏，又称刺激型变态反应。是将自体细胞制造成抗体的过敏，与Ⅱ型类似，但又不同。制作的抗体与细胞膜的受体反应，造成细胞功能异常或下降。比如毒性弥漫性甲状腺肿造成甲状腺功能亢进。大脑中的垂体分泌促甲状腺素（TSH）来调节甲状腺分泌甲状腺激素的量。甲状腺细胞表面的TSH受体与自己的抗体结合后刺激TSH受体，就会刺激甲状腺激素的异常产生。

常见过敏性疾病与免疫的关系

免疫与过敏性哮喘

过敏性哮喘又称变应性哮喘，是指由过敏原引起或触发的一类哮喘；常于儿童期起病，有家族史，30%左右可进入成年期。我国现约有哮喘患者3000万人。在引发哮喘的外来过敏原中，国内外均证实尘螨是最多见的。在国内，过敏性哮喘中80%是由尘螨引起。过敏性哮喘的机制属于Ⅰ型超敏反应。当人体免疫功能出现紊乱时，会错误地把无害的物质，比如花粉等当成"侵略者"。为保护身体，免疫系统产生抗体与之结合企图消灭入侵者，并释放大量炎性分子导致过敏症状哮喘的发生。过敏性哮喘反复发作严重影响人们的生长发育、生活、学习，应特别予以重视。有哮喘症状的患者，建议检测免疫功能；如果发现免疫功能紊乱，很可能是过敏性哮喘，及时调节免疫功能使之达到平衡，哮喘症状就得到缓解。

免疫与过敏性鼻炎

过敏性鼻炎多是由于尘螨、粉尘、花粉、动物的毛屑等引起。中重度过敏性鼻炎可能出现打喷嚏、清水鼻涕、鼻塞，流泪、眼部瘙痒、异物感，影响睡眠，头部昏昏沉沉，工作效率降低或学习成绩下降，导致患者生活质量下降。如果不及时治疗，35%～38%的患者会出现支气管哮喘，最终发展为肺气肿或肺心病。研究表明，过敏性鼻炎与机体免疫力有关，免疫失衡就会出现"防御过度"，与这些物质进行激烈战斗，表现在鼻腔就是过敏性鼻炎。

免疫与荨麻疹

荨麻疹是一种常见的皮肤过敏性疾病，发作时在身体的任意部位冒出一块块形状、大小不一的红色斑块，并且伴有难忍的瘙痒，导致患者非常痛苦，严重影响生活质量。荨麻疹分为急性和慢性。急性荨麻疹经积极治疗，大多可在数日内痊愈；而慢性荨麻疹则反复发作，持续数月至数年。虽然有很多治疗方法，但目前没有哪种药物能够百分百治愈。荨麻疹并非因为免疫力低下，而是因为免疫紊乱。免疫系统对某些物质敌我不分，过度反应，在接触过敏原的时候，一顿攻击，就出现皮肤的改变。这时应该进行免疫功能检测，针对性改善免疫紊乱的状况，使免疫达到平衡，才能对荨麻疹进行根本性治疗。

预防过敏

预防过敏，要做到以下几点。

❶ 避开过敏原

花粉、尘螨、霉菌、动物毛屑等是引发过敏性咳喘的常见过敏原，日常生活中要注意避开。做到定期打扫室内卫生，保持通风透气，枕套、床单、被褥定期洗晒，等等。此外，阴冷潮湿的地方如仓库、地下室要少去。

❷ 饮食要讲究

过敏性咳喘在饮食上宜清淡，不要过冷、辛辣。鱼虾、蟹类、贝类等容易引起过敏的食物要慎吃。此外，日常可以多吃一些富含维生素A、维生素C的蔬果。

❸ 预防感冒

过敏性咳喘的患者在受凉感冒后，病情往往会加重。所以，在气温变化不稳定的季节，要注意做好保暖工作，避免着凉。

❹ 坚持锻炼

免疫力是身体抵御疾病的一道重要"防护墙"。过敏患者日常要注意加强体育锻炼，增强自身体质，这样才能有效抵御过敏原的侵扰。

❺ 维持免疫平衡

很多不良生活习惯会导致免疫力下降。去除影响免疫力的不良因素，比如熬夜、焦虑、暴饮暴食等，监测并适当地调节免疫力，有利于维持免疫平衡。

此外，测评免疫力，调节免疫平衡，也有助于预防过敏。

测评个体免疫力，明确免疫体系中，哪些细胞水平是降低的，哪些细胞是代偿性激活的，有针对性地分析过敏的根本原因。针对水平低下的免疫细胞亚群，通过提高免疫力可以得到改善；特别是通过免疫细胞治疗，可以快速改善过敏症状。

4.2　免疫力失衡是亚健康的根本原因

因细菌致病说闻名的法国微生物学家路易斯·巴斯德（1822—1895）在临终前对自己的研究做了反思，认识到病菌的侵袭微不足道，生病更根本的原因是人体自身免疫功能失效。我们所有人都处于有菌环境中，只要拥有强大的免疫系统，就可以有效抵抗病原微生物的侵袭。而对于已经受感染的患者，即使是癌症这样的重症，也可以通过增强免疫力，控制和减轻病情。

世界卫生组织根据近半个世纪的研究成果，将"健康"定义为：不仅仅是没有疾病和不虚弱，而且是身体上、心理上和社会适应能力上三方面的完美状态。

中国符合世界卫生组织关于健康定义的人群只占总人口数的10%，与此同时，有15%的人处在疾病状态中，剩下75%的人处在亚健康状态。通俗地说，就是这75%的人通常没有器官、组织、功能上的病症和缺陷，但是自我感觉不适、疲劳乏力、反应迟钝、活力降低、适应力下降，经常处在焦虑、烦乱、无聊、无助的状态中，自觉活得很累。

什么是亚健康

2007年，中华中医药学会发布《亚健康中医临床指南》，从中医角度对亚健康的概念、常见临床表现、诊断标准等进行了明确描述，指出：亚健康是指人体处于健康和疾病之间的一种状态。处于亚健康状态者，不能达到健康的标准，表现为一定时间内的活力降低、功能和适应能力减退的症状，但又不符合现代医学有关疾病的临床或亚临床诊断标准。

有学者认为亚健康与慢性疲劳综合征是一回事，都是以慢性疲劳为主要特征的躯体心理症状，但也有学者持不同意见。1994年，国际慢性疲劳综合征研究组将慢性疲劳综合征定义为：临床评定的、不能解释的、持续或反复发作的、6个月或更长时间的慢性疲劳。该疲劳是新发的或有明确的开始（不是终身的）；不是持续用力的结果；经休息后不能明显缓解；导致工作、学习、社交或个人活动能力较以前有明显下降。

由于各研究采用的亚健康定义不统一、应用的调查问卷或量表不统一，各研究报道的亚健康检出率差别也较大，为20%~80%。亚健康的检出率在不同性别、年龄、职业上有一定差异，与出生地、民族无关。一般女性的检出率高于男性，40~50岁年龄段较其他年龄段高发，教师、公务员高发。

2022年，世界卫生组织首次将职业倦怠（即在工作环境下产生的，工作压力长期没有得到有效管理而产生的综合征）纳入国际疾病分类列表。主要症状表现为：感觉能量消耗或疲惫，心理上对工作保持距离或对工作感到消极和愤怒，工作效能感降低。这是亚健康管理领域的巨大进步，将健康问题升级到疾病管理高度，是健康管理的突破。

我们认为职业倦怠的判断是主观描述，而长期的工作压力会带来免疫方面的失衡。通过大量监测免疫力评分，我们发现，MISS免疫评分≥3或≤-3分的非疾病人群状态，就是职业倦怠综合征的表现。这个定义增加了客观数据的支持，并可以通过免疫的健康管理，把职业倦怠的状态纠正到正常水平。因此，测评免疫力、管理免疫力是亚健康管理的关键，从免疫力出发，才可以彻底地管理好健康。

处于亚健康状态的人一般免疫力都比较弱，易受到疾病特别是传染病的侵袭。如果不及时采取措施扭转这种状态，而任其缓慢渐进地发展，最终难免导致疾病的发生。

是什么导致亚健康

精神压力是导致亚健康的诱因。

首先是来自学习方面的压力。孩子们从小就在家长"望子成龙"的氛围里，努力、努力、再努力，学习、学习、再学习。学习不再是一种快乐，而成为孩子们的沉重负担。据调查，有70%的青少年感觉学习的压力很大。

其次是来自工作方面的压力。由于各行各业竞争加剧，求职难、下岗失业、金融危机等波及为数不少的国人。即使工作稳定，也可能要面对各种考核与晋升的压力。

最后是来自生活方面的压力。生活的快节奏、多变性，给恋爱、婚姻、家庭带来了很多不确定因素，使人们的情感受挫机会增加。种种利益的冲突，使人际关系变得越来越复杂，情感交流越来越少。有时候即使人们遭遇到困难和挫折，也找不到宣泄的出口和方法。

不科学的生活方式是导致亚健康的直接原因。

长期超负荷工作，使身体一直处于高度紧张和疲惫状态，再加上丰富的夜生活，使一些人经常选择"通宵达旦"的生活方式。专家告诫，生活规律不宜打破，千万别透支睡眠。睡眠占据人类生活1/3左右的时间，它和每个人的身体健康密切相关。高质量的睡眠是健康的基本保障。

饮食不科学也是主要原因。饮食中摄入过多高能量、高脂肪类物质，而膳食纤维、维生素摄入严重不足，致使脂肪和胆固醇在体内堆积。除此以外，饮食不规律，饥一顿、饱一顿，饮食无度，加上不良的作息习惯，综合起来，易导致营养失调，肠胃、神经功能紊乱，也会诱发各种疾病。

同时，还有很多人缺乏锻炼，上班久坐不动，骑车或步行时间少。日常多食而少动的习惯，给高血压、糖尿病以及心脑血管疾病埋下隐患。

环境因素是导致亚健康的重要原因。

一方面是人类的生存宏观环境。有关科学家说，碳、氧、氢、氮、硫和磷这6种生命的基本元素占生物圈的95%，是生命的生物化学基础。目前面临的挑战是要弄清这些元素在土壤、水、空气中的平衡变化对生态系统、大气化学和人类健康的影响。

另一方面是我们身边的生存小环境。现代生活越来越讲究，却也带来了许多不易被察觉的问题，即居室装饰材料、家用电器和电子设备等在使用中可能释放出一些肉眼不辨的粉尘和电子微粒，有可能形成污染。长期生活在这样的环境中，污染物就会进入人体内积聚，导致血液循环、呼吸系统等疾病。

人体自身也是污染源。人体代谢产物中有400多种化学物质，其中人的肠道排泄物和穿久了的衣服、鞋袜等会散发出恶臭味，这种臭味的主要成分是硫化氢气体，若长时间受其刺激，也会出现头晕恶心症状。另外，人在抽烟或被动吸烟时吸入的尼古丁等也是致癌物质。侵袭人体的各种有毒因素无处不在，我们没有理由不主动地帮助自己建立起良好的免疫防御体系。

如何改善亚健康状态

身体的亚健康状态是日积月累的结果，改善亚健康，也不可能一蹴而就。通常而言，要注意如下几点。

❶ 养成健康好习惯

平时注意劳逸结合，张弛有度，保证充足的睡眠时间。对于因先天不足、更年期和老年期而出现亚健康状态者，主要是要建立积极的心态，参加健身运动，定期健康检查。同时，主动学习卫生保健知识，但不依赖于医疗和药物，而是主要靠自己避免和克服有关危险因素，充分发挥自身抵御亚健康的潜能和主观能动性，促使亚健康向健康转化。

❷ 平衡膳食

本着全面、均衡、优质的原则，科学搭建膳食结构，合理补充各类营养素。膳食平衡应包括以下各方面：摄入足量的优质蛋白质（鱼、虾、鸡、瘦肉、奶、蛋、大豆及其制品等），以维持氨基酸平衡；适量碳水化合物、低脂肪，以维持三大产热营养素的平衡、各营养素之间的平衡，以及一日三餐的能量平衡。

❸ 心理调节

针对由于心理和社会因素引起的亚健康，采用不同的心理干预方法。学会安慰自己，运用理解、宽恕、宣泄等方法摆脱不良刺激，稳定情绪，保护自己；做情绪的主人，把握分寸，不失理智；拒绝抱怨，培养自控能力，逐渐适应社会和环境的能力；不苛求自己，不过高期望他人，学会随和、谅解和宽容；淡泊名利，随遇而安，学会妥协和让步；培养爱好，陶冶情趣，广交朋友，参加健康的娱乐活动，融洽人际关系，愉悦心情；处理好家庭成员的关系，促进和睦家庭，必要时向心理医师咨询。

❹ 摒弃不良生活方式和习惯

比如：吸烟对全身各系统危害都很大，特别是心血管系统；过度饮酒、休息时间不足、工作紧张，使很多上班族肝脏负担过重；不吃早餐，不仅工作效率降低，而且使创造力、逻辑判断力下降，等等。

此外，测评免疫力、管理免疫力也有助于改善亚健康状态。亚健康或者职业倦怠是免疫失衡的表现，因此从免疫入手，才可以彻底解决问题。测评免疫力，找到免疫失衡的原因，然后有针对性地管理和补充相应的免疫细胞，可以使亚健康状态重拨回到健康状态，实现西医治未病的理念。

4.3 免疫力和器官移植

众所周知，通过不断更新有问题的零部件，机器可以更长久地运转。如果人也能像机器一样不断更新身体有问题的零部件，是不是就能够实现长生不老？随着现代医学的发展，这一愿望得到了部分实现——器官移植，即将健康的器官移植到患者体内，置换已受损的器官，恢复人体的正常生理功能。但是器官移植也面临巨大的阻力，因为移植的器官会与患者的免疫力"相爱相杀"，那么如何将二者化敌为友，促进患者更快康复？接下来我们先了解一下器官移植。

器官移植的发展

日常生活中老百姓常说吃啥补啥，但从临床医学的角度来说，这样的做法并不能达到治疗的目的，也不可能逆转病情。在现代医学领域，器官移植是目前治愈终末期疾病状态器官的唯一有效方法。比如说：心脏疾病（冠心病、心肌病及伴有广泛心肌损害的、严重心力衰竭等），肺部疾病（慢性阻塞性肺疾病、特发性肺纤维化、支气管扩张等），肝脏疾病（终末期肝硬化、先天性胆道闭锁、肝癌等），肾脏疾病（慢性肾炎、多囊肾等所致的终末期肾功能衰竭），在这些疾病中仅肾脏疾病能通过透析勉强维持生命，其余疾病发展到这一阶段时，人体所能维持的时间基本不超过6个月。此时，只有器官移植才有可能实现健康器官对疾病器官的替换，从而赋予患者第二次生命。

纵观全球器官移植的发展过程，肾移植是在临床上应用最早、开展最普遍、累计实施手术最多、术后存活率最高、术后存活时间最长的器官移植。在临床肾移植成功的鼓励下，外科医生先后开展了肝、肺、心脏等多种器官移植。肝移植发展到今天也较为成熟，在肝源选择、移植肝保存、手术技术、免疫抑制药物研制等方面都有重大进展。新的移植术式，如减体积肝移植、劈离式肝移植、背驮式肝移植、活体部分肝移植、辅助性原位肝移植等不断出现并应用于临床。同时，在可供移植用的新肝源开发上，转基因、分子克隆等新技术也提供了很大帮助。

目前心脏移植的数量仅次于肾、肝移植。为了使患者能处于相对稳定的状态，在等待供体期间除了常规疗法之外，越来越多地应用心室辅助循环装置使危重患者平稳地度过等待阶段。辅助装置的应用能够明显改善心肺功能及肝、肾等脏器功能，显著降低术后并发症，提高患者的生存率。

肺移植是大器官移植中较晚进行研究的，临床肺移植的进展也落后于其他器官，并存在着不少问题，诸如供体短缺、供肺维护困难、原发移植物功能障碍以及慢性移植物失能等。此外，肺移植的术后存活率低于其他实体器官移植。近年来，多器官联合移植在临床上也得到广泛开展。已成为当前器官移植的探索热点。

在我国，临床大器官移植也始于肾移植。20世纪60年代吴阶平院士和郭应禄院士完成了我国第一例异体尸体肾移植。1972年，于惠元教授、侯宗昌教授与梅骅教授成功实施了我国第一例亲属肾移植手术，开创了我国器官移植领域的新纪元。自20世纪70年代末开始，肾、肝、心等多种临床器官移植在全国广泛开展，形成我国临床器官移植第一个高潮。1983年后，我国除肾移植外的其他大器官移植转入低谷，直到20世纪90年代才有了新的开端，我国大器官移植进入蓬勃发展的新时代，开展了国际上所有的移植项目并在临床上开始实施多器官联合移植。历经半个多世纪的发展，我国的器官移植在各方面都取得了长足的进步。2010年在世界卫生组织官方网站登记的我国各类器官移植总数仅为7864例，而2020年我国各类器官移植总数达17949例，一跃成为仅次于美国的器官移植第二大国，其中肾移植11037例，肝移植5842例，心脏移植557例，肺移植513例。尽管我国在移植数量上有了显著提高，但术后并发症的发生率和患者的存活率与国际先进水平相比还有一定差距。

总体而言，器官移植是目前治疗大多数重要器官（肾、肝、心和肺）终末期衰竭最为成熟的可行手段。随着器官保存技术和免疫抑制技术的进步，如今已有相当比例的患者有望在术后高质量地长期生存。

器官移植术与免疫排斥

在器官移植手术成功实施后，人体免疫系统会将其当作外来入侵者进行攻击，由此产生的排斥反应是制约患者长期存活的重要因素。免疫（力）本质上就是指人体的免疫系统，通过识别"自己"和"非己"来清除外来物质以维持人体的健康，所以人们常常将其比喻成机体的卫士。免疫系统分为先天性免疫和后天性免疫两大类，其中先天性免疫是人体抵御病原体入侵的第一道防线，在感染的早期阶段率先奋勇杀敌，通过炎症反应清除病原体。后天性免疫则是人体抗击病原体的重要后备军。当病原体的数量较多或毒性较高时，初始清除作用有可能会失败。在这种情况下后天性免疫就开始发挥作用，未清除的病原体就交给了T细胞和B细胞这两支训练有素的部队进一步针对性地识别和高效地消灭。

刚开始建立后天性免疫需要1~2周时间。因其能记住入侵者的模样，所以当相似病原体再次入侵时就能更有效地组建快速反应的队伍，在感染后期和继发性感染期间发挥重要防御作用。根据免疫效应物质的不同，后天性免疫又分为体液免疫与细胞免疫。前者是指B细胞在抗原的作用下产生针对性的特异抗体，如同导弹部队发射跟踪导弹进行清除；后者则是聚焦T细胞，当其受到抗原作用后转化为致敏T细胞，类似派遣地面部队对外来病原体进行清除。这两种特异性免疫是术后排斥反应中攻击移植器官的主要淋巴细胞。

不过，相关抗排斥药物的深入研究给术后患者的长期存活带来了曙光。1960年英国医生卡恩（Calne）在狗的肾移植中用6-巯基嘌呤有效延长了移植存活期。之后相继诞生了皮质激素、硫唑嘌呤、抗淋巴细胞免疫球蛋白为代表的第一代免疫抑制药物以及联合用药方案。1976年，瑞士的博雷尔（Borel）证实了环孢素A的免疫抑制功能。1983年环孢素A获批应用于临床移植术后排斥反应，使器官移植的存活率显著提高，有效延长了患者的生存时间，例如环孢素A使肝移植的存活率从30%提高到70%以上。因此，环孢素A在临床上的应用成为器官移植发展史上公认的里程碑之一。同时，对免疫系统的研究还发现人类白细胞抗原（HLA）与移植排斥反应有很强的关联，即器官与患者的HLA匹配度越高，移植手术后恢复就越顺利。至此，在临床医学及相关学科的发展、各种新免疫抑制药物的运用以及围手术期处理的不断完善等多方改进下，器官移植的数量得以明显增加。

可是，在对器官移植患者的术后长期管理中又出现了新的问题。移植后需要终身服用免疫抑制药物来控制免疫系统对器官的攻击，而免疫抑制药物的剂量调整范围比较小，稍有不慎就会因为药量偏低导致免疫抑制不足，或因为药量过高导致免疫抑制过度而产生相应的并发症。当免疫抑制不足时，免疫系统就会派遣淋巴细胞疯狂攻击移植器官，最终导致器官功能的严重受损甚至患者死亡；免疫抑制过度将不可避免地影响人体的免疫监督功能，该功能是执行保卫人体的重要手段，移植患者容易出现肿瘤、感染等问题，甚至导致死亡。

此外，药物剂量过大还容易出现中毒反应，损伤人体肝脏、肾脏、神经系统等脏器功能。由此可见，器官移植术后需要达到免疫平衡状态，其目的主要是通过对患者移植前后免疫状况的分析，来制订患者服用的免疫抑制药物方案，从而在移植排斥与发生感染等并发症之间取一个平衡点，动态评估用药的剂量。换言之，器官移植术后免疫平衡管理就是既要及时预测排斥、阻止排斥，又要避免会导致患者死亡的各种并发症的发生。

量化评估免疫状态

截至目前，国内外尚无公认的、全面的量化评估人体免疫状态的手段。现阶段，用以调整免疫抑制药物的方法主要是通过定期监测免疫抑制药物的血药浓度，同时结合患者的临床表现、移植器官功能的恢复情况等判断患者的免疫状态，进而调节药物剂量。由于个体药物代谢的差异使得患者药物浓度值出现较大差别，且这种差别与患者的免疫状态缺乏相关性。也就是说即使血药浓度处于推荐范围内，也可能发生免疫抑制过度或不足而导致的严重感染、肿瘤或排斥反应等并发症。因此，单纯依赖血药浓度这一指标很难全面反映患者的免疫状态。

正常免疫状态是高水平的免疫细胞亚群的数量和功能平衡，只有全面评估淋巴细胞亚群的情况，才可能全面评估患者的免疫状态，所以我们提出了免疫量化评分体系（MISS）。该体系类似于古代阴阳平衡理论，设定健康人的评分为零分，免疫力下降的人群是负分，免疫激活的人群是正分。具体过程分为两步：先检测患者外周血的所有淋巴细胞亚群，再根据特定公式计算该检测者的免疫评分结果。这样即可通过具体的免疫功能检测指标，结合评分数值来全面精准地评估患者的免疫状态。

我们以健康人群和肝移植患者的免疫评分为例，初步了解一下这两类人群的免疫状态特点。首先明确健康人群的免疫评分分布情况。所有的健康志愿者（近400人）每人抽静脉血，检测血液中各组淋巴细胞亚群的计数和百分比；然后计算每个人的免疫评分，汇总后了解其分布情况。初步统计分析表明，健康人群总体的平均分值接近0分，处于平衡状态，且符合正态分布特点。不过有少数人出现了免疫状态下降或者免疫激活的情况，考虑为亚健康人群（从免疫评分的角度出发，结果≥3或者≤–3的人群，即使常规检查结果正常也属于亚健康人群）。接下来，按男女性别将健康人群分两组，比较不同性别之间的免疫评分特点，发现其分布规律亦符合上述特点。随后，按不同年龄段进行分组（20～29岁、30～39岁、40～49岁、50～59岁、≥60岁），各个年龄段的人群免疫评分结果总体也符合正态分布。最后，再按性别对每个年龄段进行亚分组，男女之间免疫评分结果的分布特点及比较均无明显差别。

不过，我们发现40～49岁以及50～59岁两个年龄段免疫状态下降或者免疫激活的人群在男性和女性中均有分布，且明显较其他年龄段增多，提示这个年龄段的亚健康人群相对较多。这也符合实际情况，因为该年龄段人群在工作上面临职场压力，容易出现职业倦怠；在生活中，上有年迈父母需要照顾，下有未成年孩子需要抚养，身心俱疲处于超负荷运转，容易出现临床亚健康状态。

我们还发现另一个比较有意思的现象，在≥60岁这个年龄段的人群，相较于男性而言，女性的整体免疫评分分布更接近0分，即免疫状态更加健康。这也符合目前全球观察的结果，即女性比男性更长寿，但这背后的原因还有待于医学研究的进一步探索。在中国，大约70%的人口处于亚健康状态，而亚健康人群需要进行健康管理。免疫负分的人群，由于免疫力下降会带来肿瘤高发趋势，因此需要针对肿瘤进行深度筛查。同样，免疫正分的人群，因为免疫力激活结合自身的健康状态，需要针对自身免疫性疾病进行深度检测，这样可以提前发现潜伏的疾病。

相比之下，肝移植患者（近100例）的手术前后免疫状态则受到了不同因素的影响。我们首先了解患者在移植手术前依据不同因素分组后的免疫特点：从不同年龄分布来看，由于接受肝移植患者大多为中老年人群，为此根据年龄分为<50岁、50~59岁、>59岁三组。三组患者移植前免疫状态总体处于免疫抑制状态，平均值都在-5分左右，少数患者达到-20左右或+5分，年龄组之间没有差别。从不同疾病来看，将患者分为良性肝病和恶性肿瘤两类，前者的均值接近-10分，后者均值在0分左右，二者有显著差别。

良性肝病患者在我国大多是乙肝、丙肝、饮酒等原因导致，患者在经历20年左右的疾病反复折磨后大多出现黄疸、呕血、黑便、腹水等严重并发症，之后进入肝病终末期，所以人体免疫系统受到明显抑制。而恶性肿瘤患者大多数情况下是在检查中意外发现的，其病程时间短，因此人体免疫系统受疾病影响相对较小，基本处于免疫平衡状态。从性别来看，女性患者的免疫评分均值为0，而男性均值在-5左右，且男性患者是女性患者的2倍之多。这主要是因为罹患的疾病不同导致，男性患者大多为良性终末期肝病，女性患者则主要是恶性肿瘤。

随后，我们比较了移植手术前后患者的免疫状态，发现两组患者免疫评分均值均位于-5左右。尽管术前恶性肿瘤患者的免疫评分较高，但由于在患者中占比较少，因此术前的总体免疫评分较低；而术后则由于手术对人体带来的影响以及长期服用免疫抑制药物综合作用造成免疫抑制。按术后随访时间（术后10天、1月、3月、6月、1年）将患者分组，发现患者术后免疫评分在前述因素的影响下先降低，于术后1月至最低点，然后随身体逐渐康复免疫评分缓慢回升，术后1年回升至-3左右。这一趋势基本符合肝移植术后免疫系统的恢复过程。

此外，利用免疫评分系统评估人体免疫状态，也是一个辅助调节免疫抑制药物的有力工具。当免疫评分过高或过低，或连续两次评分结果变化显著时，对患者调整用药，能够有效避免急性排斥反应和药物中毒反应的发生，进而维护肝脏功能的稳定。这是因为免疫抑制药物作用于淋巴细胞亚群，而不同的淋巴细胞则介导排斥反应的产生，通过分析比较免疫系统中不同淋巴细胞亚群的数量和百分比变化可提前做出判断。因此，也有助于摆脱药物浓度调节药物的束缚，使免疫药物的管理进入精准阶段。

总之，由各种淋巴细胞亚群构成的人体免疫系统复杂且相互关联。针对器官移植患者，只有通过对免疫状态的精准评估和平衡，利用其免疫监督的作用，才能降低肿瘤、感染等并发症的发生率，从而避免免疫抑制药物的毒副作用。在此基础之上，适当抑制人体的免疫状态，降低其对移植器官的攻击性，最终达到有效利用其助力、控制其阻力的目的，才能充分促进器官移植患者的康复。

4.4 免疫和危重症

危重症更需要免疫护航

免疫系统是人体防御机制中的重要组成部分，它通过识别和攻击病原体来保护身体免受感染和疾病的侵害。当人体处于危重症状态时，由于整个机体从结构到功能均陷于不良状态，免疫系统通常也会发生适应性变化。

免疫系统失衡：在危重症状态下，免疫系统可能出现的失衡，会导致免疫反应过度或过低。这种失衡可能会增加感染或炎症的风险，这也是危重症患者容易出现反复感染的原因。

免疫细胞减少：在某些情况下，危重症患者的免疫细胞数量可能会减少，包括白细胞。这可能是消耗性或抑制性的原因，其结果可能会导致免疫系统无法有效应对感染。

细胞因子风暴：机体感染微生物后发生体液中多种细胞因子，如TNF-α、IL-1、IL-6、IL-12、IFN-α、IFN-β、IFN-γ、MCP-1和IL-8等，迅速大量产生的现象。在某些情况下危重症患者的免疫系统可能会过度激活，导致释放过多的细胞因子，这可能会导致多器官功能障碍综合征（MODS）、休克甚至死亡等严重后果。

免疫调节受损：在危重症患者中免疫调节可能会受到影响，包括调节性T细胞、B细胞和抗体的产生。这可能会导致自身免疫疾病或增加感染的风险。

总的来说，危重症患者的免疫系统可能会受到各种因素的影响，包括感染、炎症、药物治疗和器官功能障碍等。因此，及时监测免疫状态并采取必要的治疗措施是非常重要的。

免疫系统在危重症时的发展和演变可以分为以下几个阶段。

初始反应阶段。当人体遭受感染或创伤时，免疫系统会迅速做出反应。这个阶段的特征是炎症反应，包括发热、红肿、疼痛、组织损伤以及白细胞数和比例增加等。

细胞因子风暴阶段。在某些情况下，初始反应可能会导致免疫系统过度激活，导致大量细胞因子释放，从而引起细胞因子风暴。这个阶段的特征是炎症反应加重，发生脓毒性休克以及多器官功能障碍综合征（MODS）等。

免疫耗竭阶段。在危重症患者中，免疫系统可能会经历免疫耗竭的阶段，期间免疫细胞数量减少、功能受损。这可能会导致感染和炎症的风险急剧增加。

免疫重建阶段。在治疗和康复阶段，免疫系统的功能可能会逐渐恢复，但需要时间和适当的治疗支持。

总的来说，免疫系统在危重症时可能会经历多个阶段的变化和演变，这些变化会影响患者的治疗和预后。因此，对危重症患者的免疫状态进行及时监测和支持也是非常重要的。

尽管危重症的内涵繁杂，但在危重症的发生发展中免疫功能的紊乱和失衡是突出表现，因此对免疫功能进行纠偏校准（免疫调理）无疑是危重症患者救治的要点之一。从免疫学角度来看，人体既是微生物寄生的宿主，也是人与微生物共生的载体；人体免疫和微生物共存的状态影响着人体的生命状态，即生老病死。与微生物之间数量、种类的动态平衡关系贯穿于人群和个体的整个生命过程。匹配是人生的动态过程，平衡是匹配的相对稳态，后者可粗略分为生理占主导的健康状态和病理为主的非健康状态。危重症患者所处的是非健康的极端状态，其大体表现都直接、间接地与免疫相关。例如：过敏性休克是免疫变态反应的结果；脓毒性休克是机体与致病微生物相互作用的表现；失血性休克会因免疫成分的丢失带来易感问题；心源性休克导致循环异常为先导的多器官功能障碍，进而出现感染—免疫相关的问题；等等。

因此，欲在危重症救治方面获得满意结果，应考虑引入早期个体化免疫调理措施的主动救治模式，即在结合患者病史、临床表现、辅助检验和检查的综合评估基础上，早期给予免疫调理。包括：抗生素的合理应用（致病微生物的杀灭、抑制和微生态的保护）、免疫成分补充、炎症因子失衡纠正以及免疫制剂的应用，应激反应的调控、生命支持技术的动态实施以及营养支持的合理应用等，以达到救治措施与危重症生理状态的匹配。

从免疫入手，降低危重症的发生

对于危重症而言，患者的免疫功能完善与否直接关系到临床救治的效果和预后。具体来说，危重症患者受到原发疾病的打击时，免疫系统必然会受到损伤，直接后果就是抗感染能力下降、免疫功能紊乱及其导致的相关继发病症。

就抗感染能力下降而言，即使在强抗微生物药物的帮助下，都会对致病微生物，包括细菌、病毒、真菌等普遍易感，尤其是一些机体在非危重症状态、不致病的条件下致病微生物也可能会"犯上作乱"。因此，临床医生必须有并提高这方面的意识，去积极关注可能发生感染、感染部位、导致感染的微生物学证据，以及致病微生物的抗生素药敏试验。取得上述证据前，可以根据感染的情况、严重程度，早期采取经验性的使用抗生素。感染情况轻者，在取得上述证据后，及时有针对性地使用抗生素。切记，抗生素一旦确定使用，必须选择好使用途径、使用方法、足量和足疗程。感染指标正常，则最多3日即须考虑停用或降级使用抗生素。

> **抗感染重要提示**
>
> ❶ 感染部位的充分引流至关重要。不单是脓肿须要切开引流，内科感染如肺炎，也需要充分引流，即"有效、充分排痰"。切忌重用药物，轻视引流！
>
> ❷ 抗感染的同时要抓紧救治患者的危重症状态，以尽早打破其"恶性循环"。
>
> ❸ 感染导致的严重炎症反应状态必须尽早、及时纠正。因为炎症因子风暴是导致脓毒症休克的核心环节，早期及时地匹配性纠正或许可以起到事半功倍的效果。及时纠正休克，保证组织器官的灌注，也就达成了危重症救治的器官保护的基本前提，即保证了组织器官的血氧供给。

原则上，不提倡预防性使用抗生素。常言道"是药三分毒"，以"预防性使用"的名义使用抗生素只会带来抗生素的滥用和耐药微生物泛滥，后者对临床和社会危害是无法估量的。鉴于社会环境压力，根据经验应用窄谱抗生素，实属无奈之举。我们试着回忆一下，数十年前，打几针青霉素、庆大霉素或者是先锋霉素，就能够使大多数细菌感染者得到康复；而现在，对于轻度感染者，这些药物还管用吗？重症病房里的严重感染者甚至处于"无药可用"的状态。对于难以取得临床证据的微生物，如厌氧菌，则必须考虑结合临床表现应用相应的抗生素。另外，抗生素的直接作用是杀死或抑制致病微生物的生长，并没有直接的免疫调理作用。

免疫功能紊乱方面，主要表现为免疫功能亢进或降低的免疫失衡。免疫功能亢进是机体应对感染源或其他应激原的"矫枉过正"的机制。在感染源或其他应激原得到控制之后，这种亢进状态会迅速下调，直至与机体状态相适应的动态免疫匹配状态。免疫功能降低或抑制状态主要是原发病及其治疗

（例如肿瘤性疾病的放射或药物治疗）直接导致的免疫抑制或骨髓抑制，或是过度应激导致的即时过度免疫消耗。临床上，免疫调理治疗的思路是：针对肿瘤性疾病的放射治疗或药物治疗引起的免疫抑制，需要暂停肿瘤治疗，先"保命"，度过危重症状态后再考虑如何延续治疗。对于应激过度的因素，可以考虑应用免疫调理或增强药物对症治疗。

危重症救治的核心理念是"留住生命、力争康复、减少致残"。免疫相关的其他病症，如免疫相关的骨髓功能异常和免疫复合物形成导致的器官损伤，针对此方面的病症，原则上主要采取补充底物、刺激骨髓造血和清除过多的免疫复合物的治疗方式。

必须指出的是，免疫系统最重要的功能在于对疾病的预防。比如疫苗接种，通过向人体注入微生物的部分或全体，使得免疫系统产生针对该微生物的免疫力。通过健康的生活方式、接种疫苗和避免感染等措施，可以提高免疫系统功能，从而保护人体免受各种疾病的侵害。

此外，免疫调理在未来医疗中将发挥越来越重要的作用。近年来已经开始延伸到以下应用领域。

个性化免疫治疗：是指通过对患者免疫系统的个体化分析，针对其特定的免疫缺陷和异常进行针对性的治疗，包括采用特定的免疫抑制剂、免疫增强剂、免疫细胞治疗等。这种治疗方式已经在某些肿瘤和自身免疫性疾病中得到应用。

免疫诊断技术：是指利用免疫反应来检测和诊断疾病的技术，包括免疫层析法、酶联免疫吸附测定法、荧光免疫分析法等。这些技术可以用于检测感染、自身免疫性疾病、过敏反应等疾病。

疫苗和抗体研究：是指利用免疫学的原理来研发疫苗和抗体，以预防和治疗疾病。未来可以通过对免疫系统的深入了解和研究，研发出更加有效的疫苗和抗体，用于预防和治疗各种疾病。

免疫细胞治疗：是指将经过处理的免疫细胞（如T细胞、NK细胞等）重新注入患者体内，以增强其免疫系统的功能。这种治疗方式已经在某些肿瘤和免疫性疾病中得到应用，并有望在未来发展成为一种常规治疗手段。

免疫力的量化诊断评估，对危重症患者的免疫发展变化趋势有清晰的判断，对疾病的治疗诊断有帮助作用。医疗临床上有句俗话："无评估，无治疗"。因此，开发免疫力的量化评估手段，结合危重症的特殊监测方法和数据，开发出危重症患者特殊的免疫评估体系，对未来治疗诊断、推动危重症领域的发展有重要作用。

总的来说，免疫系统调理在未来医疗中有着广泛的应用前景，可以帮助预防和治疗各种疾病。但是，在充分发挥免疫系统的潜力之前，还需要对其功能和机制有更深入的了解。

既往我们认为过敏是免疫激活的表现，治疗上多用免疫抑制药物，有些病例好转，有些却没有效果。通过免疫检测我们发现，很多过敏的患者其实是免疫力低下。机体的免疫失衡会导致过敏反应。记住，是免疫失衡，不是免疫激活。

Part 5
免疫力和传染性疾病的那点事

> 正气存内，邪不可干。
>
> ——《黄帝内经》

5.1 人类与微生物的抗争

人类在地球上生活了数百万年，与自然界致病微生物的战斗从未停止。伴随着社会的进步以及现代医学技术的飞速发展，曾经肆虐全球的天花、霍乱、鼠疫等烈性传染病大都不见踪影。免疫学的发展和疫苗的使用，如破伤风疫苗、狂犬疫苗等，更是推动了人类在预防微生物感染性疾病方面取得长足的进步。但在医学如此发达的今天，仍然有各种各样的新发、突发传染病给予人类一次又一次的打击，如艾滋病病毒、埃博拉病毒、新型冠状病毒等。

痛定思痛！我们不但需要认真研究并积极应对新时代病原微生物的进化、变异，找到有效预防和治疗各种新发、突发传染病的方法，同时也需要认真回顾人类历史上曾经遭受的重大传染病事件，从中吸取应对传染病的经验教训，探究预防和治疗病原微生物感染的方法，从而在各类新发、突发传染病面前临危不乱。

中国古代一次著名的传染病大流行

曹植的《说疫气》中记载："建安二十二年，疠气流行。家家有僵尸之痛，室室有号泣之哀。或阖门而殪，或覆族而丧"。记录了建安二十二年（公元217年），疫气肆虐，家家户户都有人患病，甚至导致整个家族的灭亡。

张仲景在《伤寒论》中也提到了同一时期的流行病情况："余宗族素多，向余二百。建安纪年以来，犹未十稔，其死亡者，三分有二，伤寒十居其七"，提到自己的族人中有十分之七的人死于伤寒。这也表明该时期疫毒蔓延的严峻形势。

除此以外，在其他名著中关于瘟疫的记录也非常多，包括《三国志》和《史记》等。研究发现，在建安二十二年，许多著名人物都死于瘟疫，包括建安七子中的五子以及鲁肃等人。

从史料中推测，当时的流行病很有可能是甲流。在同时代的西方国家也有类似的大型流感，症状以呼吸道症状为主，与甲流十分相似。这种流感给人类带来了巨大的打击，也提醒我们应该时刻保持警惕，注重预防，保护好自己的健康。

西方的传染病大流行

公元前412年，古希腊名医希波克拉底描述了一种类似流感的疾病。据推测，该病大约每10年发生小规模流行，每50年发生大规模流行，每100年会重复循环。19世纪，德国医学地理学家赫希记述了公元1173年以来历次类似流感的流行病发生情况。1742—1743年在东欧涉及高达90%人口的大规模流感，1889—1894年席卷西欧的"俄罗斯流感"等，这些大规模流行病造成了极高的死亡率。最为著名的当属1918—1919年的大流感。虽然其源头是在美国，但首次公开报道是在西班牙，因此曾被误称为"西班牙大流感"，也被称为"西班牙型流感"。

据统计，"西班牙型流感"在全球范围造成2000万至4000万人的死亡，而实际的死亡人数可能已经超过5000万。考虑到当时全世界的人口还不到10亿，可见死亡比例是相当高的。直到今天，关于"西班牙型流感"的起源仍然有不同的观点，有人认为是禽流感病毒升级而侵袭了人类，有人则认为是通过哺乳动物群体传播给人类的。其实，从基因角度和分子生物学的角度解析，我们能够明确流感的传播途径，并且基本上能够预测其流行趋势。

1997年8月，《科学》杂志上发表了美国病理学家杰弗里·陶本伯格的一篇论文，证明1918年的流感病毒与猪流感病毒密切相关，是一种与甲型流感病毒（H1N1）相似的病毒。该病毒的基因编码产生了病毒的血凝素（HA）和神经氨酸酶（NA），HA和NA帮助流感病毒顺利侵袭人体细胞，类似于新型冠状病毒中刺突蛋白的作用。一般情况下，禽类身上的流感病毒不会传染人类，但是病毒在禽类身上不断发生变异组合，最终找到传染到人身上的"钥匙"。随着现代交通和传播的发达，人口密集的大城市成为流行病大面积传播的场所，全球流行也随之出现。从基因解析来看，1918年的流感病毒至今仍然可以在某些国家的猪体内发现。因此可推测东汉末年的瘟疫和欧洲大型疫病在内的流感病毒流行也很可能是这种病毒导致的，这种病毒历经近2000年依然在与人类进行博弈和共生。自然规律是不可逆转的，在地球的生态圈中，微生物特别是病毒和细菌，才是自然界的主宰，而不是人类。在人体中，细菌和病毒的数量远远多于体细胞。如果把人体看作是一个细胞社会，我们必须与微生物寻求博弈和共生的关系，即"以斗争求团结"，寻求融合与平衡，而人体的免疫系统是其中至关重要的一环。

5.2 免疫与病毒感染

《黄帝内经》云："正气存内，邪不可干""邪之所凑，其气必虚"，正常的人体免疫力可将邪气抵御在外而不受侵袭。吴又可在《温疫论》中明确提出："夫温疫之为病，非风非寒，非暑非湿，乃天气间别有一种异气所感。"直至现代医学检验技术的发展，我们得以知道"天气间别有一种异气"是指自然界中充满着各种病原微生物，如细菌、病毒、立克次氏体等。

病毒不被认为是生命的一部分，因为生命应具备自我繁殖和新陈代谢的能力，而病毒并不具备。在漫长的演化过程中，生命体逐渐变得完善和复杂，从单细胞生物逐步发展成多细胞生物。而病毒却走了一条截然相反的路，它们抛弃了不必要的结构，只保留了蛋白质外壳和核酸。病毒是一种寄生在细胞上的生物体，以劫持和寄生细胞的方式生存和演化，与众多生命体开展着一场没有硝烟的战争。

病毒的来源

不同的病毒来源于不同的动物。例如，艾滋病病毒最初来自猴子；SARS病毒最初被认为来源于果子狸，但后来发现来源于蝙蝠；中东呼吸系统综合征冠状病毒（MERS）来源于骆驼；狂犬病病毒则来自犬类；甲流病毒主要源自禽类和猪，但后来发现鸟类和蝙蝠也携带该病毒。这些病毒对人类具有高致病性和高致命性，禽类则是这些病毒的主要传播途径之一。1917年的流感病毒可能最早出现在接触了带病毒禽类的士兵群体中。

为什么这些病毒能在鸟类身上持续传播呢？我们需要认识到，鸟类其实是一个非常可怕的病毒携带者，因为它们的迁徙能使病毒传播非常远的距离。此外，鸟类的飞行需要超高的新陈代谢和超快的心率，所以它们和蝙蝠的平均体温基本都在40℃以上，而高体温往往意味着高抗病能力。即使它们身上携带很多对人类致命的病毒，它们本身也很少会受到病毒的感染。高体温是免疫机制启动的基本生理机制，中医所讲的"正邪相争"也与此有关。蝙蝠和鸟类因为高体温，能够携带大量对人类致病的病毒而自身不患病，就是一种博弈与共生的关系。

常见流行性呼吸道病毒

流感是流行性感冒的简称，是由流感病毒引起的急性呼吸道传染病。目前已知的流感病毒有甲、乙、丙、丁四种类型，春季常见的是甲型和乙型流感病毒。传染源主要是患者，病毒的传播途径包括气溶胶和飞沫传播。

甲型流感病毒，也称A型流感病毒。一般通过飞沫传播，也可通过接触污染物体表面传播。甲流病毒的传染性较强，容易在人群密集的场所传播，如学校、办公室等。感染甲流病毒后，患者会出现发热、头痛、咳嗽、喉咙痛、肌肉疼痛、乏力等症状。

乙型流感病毒，也称B型流感病毒。主要通过飞沫传播，具有起病急骤、传染性强、传播速度快的特点。与甲流病毒相比，乙流病毒的变异较少。感染乙流病毒后，患者会出现发热、头痛、咳嗽、喉咙痛、肌肉疼痛、乏力等症状。这与甲流病毒感染相似。

普通感冒，即人们平常所说的"感冒"或"伤风"，医学上也称为上呼吸道感染或急性鼻炎。主要是由于受到了相应病原体的感染，其中病毒占比为70%～80%，如风疹病毒、麻疹病毒、柯萨奇病毒、埃可病毒、鼻病毒、腺病毒、呼吸道合胞病毒、副流感病毒等，其中尤以鼻病毒、腺病毒、呼吸道合胞病毒最为常见。普通感冒以上呼吸道卡他症状，如鼻塞、打喷嚏、咳嗽等较为常见，由上至下从鼻腔到咽、喉部有炎症表现。

鼻病毒是一种小RNA病毒，是已知人类病毒中血清型最多的病毒，30%～50%的成人和儿童的感冒都是由鼻病毒引起的。因为不同型的鼻病毒之间很少有交叉保护，感染后虽然可获得免疫力，但维持时间较短，所以人们可反复多次感染鼻病毒而患感冒。该病毒一般通过飞沫和气溶胶，以及与病毒感染者密切接触而传播。感染后主要表现为流鼻涕、鼻塞、打喷嚏、头痛、轻度咽痛、咳嗽等。相对于其他呼吸道病毒，鼻病毒感染导致的发热症状比较少见，偶可见低热。

腺病毒是一种引起急性呼吸道感染的常见病毒，全人群易感。腺病毒的传播途径包括飞沫传播、接触传播及粪-口传播。腺病毒感染的临床表现多样，可引起普通感冒、支气管炎和肺炎等，也可引起腹泻和胃肠炎，以及结膜炎、膀胱炎和某些神经系统炎症等。

呼吸道合胞病毒是一种引起急性呼吸道感染的常见病毒，传染性强，全人群易感，主要通过飞沫及接触传播。呼吸道合胞病毒感染早期主要表现为上呼吸道感染症状，如鼻塞、流涕、咳嗽和声音嘶哑等，多数症状会在1~2周自行消失。

此外，新型冠状病毒也是常见的流行性呼吸道病毒，它是单链RNA病毒，其传染性强于流感，人群普遍易感，主要通过飞沫、气溶胶以及接触传播。

面对这些病毒，口罩可以提供一定的防护作用，但是保持呼吸道黏膜功能正常以及免疫机制的平衡是更重要的防护措施。

病毒的基因重组与自然选择

病毒通过不断地基因变异来达成生存和繁衍。由于病毒RNA聚合酶缺乏校对功能，其复制过程非常迅速，在这个过程中，病毒发生突变的频率可达10^3~10^4。有些突变有助于流感病毒逃避宿主免疫系统的攻击，这些突变会被正向选择并传递给后代，被称为"抗原性转变"和"抗原性漂移"。

病毒的演化变异是一种与生物不断结合、融合、再产生的过程。演化变异后传播性、毒性较低的毒株有可能被直接淘汰；相对易传播的、毒性相对高的毒株则逐渐实现跨物种传播。同时又会将毒性较高的毒株淘汰，因为毒性高的病毒容易直接将宿主杀死，一旦宿主死亡，病毒就无法继续传播。比如新型冠状病毒，α、δ病毒株毒性远高于o病毒株，即奥密克戎株，但奥密克戎株的传播能力远远高于α、δ病毒株，所以最后毒株间的竞争博弈选择了奥密克戎株。奥密克戎株也是人类有史以来看到的传播能力最强的毒株。因此，需要加强对流行性病毒的监测和研究，掌握其变异规律，以制定更有效的疫苗方案和治疗策略。

下面我们以流感病毒为例，详细介绍病毒的变异。

流感病毒的变异通常是由两种不同的机制引起的：抗原性变异和非抗原性变异。抗原性变异是指病毒表面的蛋白质发生变化，从而改变了病毒的抗原结构。这种变异使得病毒能够逃避免疫系统的识别和攻击，从而在人群中继续传播。非抗原性变异是指病毒基因组中的核酸序列发生变化，从而改变了病毒的基因组结构和功能。这种变异可以导致病毒在复制过程中的错误率增加或者出现新的毒株。

流感病毒的抗原变异主要是由HA和NA蛋白不断地排列组合、抗原的转变与漂移引起的。这种变异会导致病毒内部刺突蛋白与人体结合的方式发生改变，从而导致疫苗防治效果不佳。疫苗接种后体内产生的抗体无法中和新变异的抗原，病毒出现免疫逃逸。而且不断进行疫苗注射和抗病毒药物的使用，也会促进病毒的免疫逃逸。流感病毒内部经常发生小的变异，进而量变到质变引起小型流行，这是"抗原性漂移"的结果，常表现为流感病毒的季节性流行。而如果流感病毒的抗原变异幅度较大，形成新的亚型，人体现有的抗体、疫苗对其新变异的亚型无效，就会引起流感的世界性大流行，这是"抗原性转换"的结果，属于基因突变和重配。

通俗来讲，流感病毒的变异过程就像是在玩"变装游戏"。它们通过改变自己表面的蛋白质来躲避免疫系统的识别和攻击。而改变自己表面的蛋白质通常有两种方式：突变和重组。突变就像是病毒基因组中的一个个"小字母"随机发生变化，这些变化通常只影响1~2个基因。而重组则像是一场"基因大乱炖"，两种或多种不同的病毒基因组在细胞内混在一起，产生出新的病毒株。流感病毒的变异是持续不断的，而且没有明显的季节性。但在一些特殊情况下，比如战争、灾难、人口流动等，流感的变异速度可能会加快，从而引发大规模的流行病疫情。

流感病毒可以感染多种动物，不仅限于人类。当病毒传播至猪身上时，猪成为了一个中间宿主，不仅会同时接受其他禽类如鸡、鸭、鸟类对它的病毒传播，也可能接受人类对它的病毒传播，进而成为一个疾病传播的"混合器"。猪体内的病毒进行不断的混合与变异，随着时间的推移，会生成多种变异株。其中，失败的变异株将被自然淘汰，而新产生的相对致病力较强的

"魔鬼"毒株则可能进一步传播至人类身上，引发一次大规模的流感。

免疫系统三道防线

第一道防线：皮肤、黏膜。

皮肤和黏膜是人体最重要的屏障之一，它们可以发挥免疫的活性器官作用。在人体的免疫系统中，皮肤的免疫功能对于外界病毒和细菌等抗原的侵犯起到了第一道防线的作用，保护人体不受细菌和病毒的侵害。

病原体通过口腔进入消化道，唾液可以杀死很大一部分病原体。当剩余的病原体到达胃部，它们又会碰到胃酸和消化酶，于是又死去一大半。例如当新型冠状病毒进入肠道时，我们的血管紧张素转化酶2（ACE2）受体会高度表达。但一般只会引起腹泻，这是因为消化系统酸碱强度高，温度和压力也很高，而且里面的益生菌数量众多，新型冠状病毒在这里不适合生存，竞争环境太恶劣，对手又太多，因此对肠道和胃黏膜的损伤微乎其微。病原体进入肠道后，胆汁会将它们杀死，肠道中的益生菌群也会增加病原体攻击的难度，可谓层层设防。

呼吸道表面覆盖有纤毛和黏液层，病毒颗粒被黏液捕获并被纤毛推送到咽喉，从而被吞咽或咳出，失去入侵机会。上呼吸道的黏液屏障健全时，人体自身的防御机制就足够强大，因此戴不戴口罩都行。然而，在呼吸系统疾病高发季节，戴口罩则是必要的，尤其是对于甲型流感病毒这类主要通过呼吸道飞沫传播的病毒而言。

第二道防线：固有免疫。

固有免疫是人类在进化过程中建立起来的天然防御功能，包括体液中的防御因子和吞噬细胞，如巨噬细胞、中性粒细胞、自然杀伤细胞（NK细胞）、树突状细胞（DC细胞）等。巨噬细胞是体型巨大的免疫细胞，主要负责吞噬死去的细胞和入侵的病原体；中性粒细胞来源于骨髓，具有趋化作用、吞噬作用和杀菌作用；自然杀伤细胞是机体重要的免疫细胞，不仅与抗肿瘤、抗病毒感染和免疫调节有关，而且在某些情况下参与超敏反应和自身免疫性疾病的发生；树突状细胞起源于造血干细胞，是机体功能最强的抗原递呈细胞，负责高效摄取、加工处理和递呈抗原，不同的成熟阶段分别具有迁移及激活初始T细胞、启动及调控免疫应答的功能。

当第一道防线被突破时，我们体内的第二道防线就会"启动"并被激活。随着病原体入侵进入部位，中性粒细胞开始吞噬并消灭它；随后，巨噬细胞和树突状细胞也参与其中，帮助吞噬病原微生物并向 T 细胞呈递抗原；同时，免疫细胞和感染细胞会释放不同的细胞因子，引起炎症反应，导致核心体温增加，这也有利于抑制微生物生长，并加速机体的修复。以上细胞共同构成了先天性免疫的主要杀伤力量，并协同"情报员"树突状细胞分解及分析病原体结构，为后续免疫应答提供精准的抗原信息。

这两道防线不限定任何病原体，可以识别和消除进入体内的任何非特异性病原体。固有免疫没有免疫记忆，因此被称为非特异性免疫或先天性免疫。

第三道防线：适应性免疫。

若尚无法清除病毒，紧接着便是适应性免疫发挥作用。巨噬细胞是针对病原微生物的主要吞噬细胞，能够迅速识别外来病原体并将其包裹消化或摧毁，同时还能召集T细胞和B细胞，共同抵御感染。特异性免疫是一种精准制导的免疫反应，其作用类似于精准射击。当病原体侵入人体过多或毒力过强，无法被完全清除时，吞噬细胞会发出信息，启动机体的特异性免疫系统，这是免疫的第三道防线。

特异性免疫主要由免疫器官（如淋巴结、胸腺、骨髓和脾脏等）和免疫细胞（如淋巴细胞）组成，借助血液循环和淋巴循环来发挥作用。其中，T细胞负责细胞免疫，直接接触病原体产生多种活性物质，杀灭和溶解病原体；B细胞负责体液免疫，针对某一种抗原生成相应抗体，利用抗体与病原体结合，使其失活。以流感病毒的血凝度抗原、新型冠状病毒的刺突蛋白为例，它们是打开细胞的"钥匙"，而B细胞可以精准地结合刺突蛋白，使其无法继续打开细胞，从而直接使病毒失活。

免疫应答与临床表现

人体的免疫机制需要不断地接受病原体的刺激，尤其是在儿童时期，良性的病原体刺激有助于免疫系统逐渐发育和健全。然而，即使是免疫系统比较稳定和健全的青年和中年人，不断地接受外部干扰，或者类似新型冠状病毒的大规模打击，都可能导致免疫机制紊乱，包括免疫低下和高炎状态，从而导致呼吸窘迫综合征（ARDS）状态的发生。而免疫系统相对低下的老年人和免疫缺陷人群，流感病毒则更容易对他们产生影响，如甲流病毒感染后容易引起固有免疫系统的亢奋，从而导致高热、高炎状态等表现。

甲型流感病毒和新型冠状病毒存在许多不同之处。从流感病毒和新型冠状病毒的免疫特征进行对比分析，主要体现在它们与不同的受体结合。流感病毒血凝素与唾液酸结合，而新型冠状病毒则与ACE2受体结合。此外，它们的表面蛋白处理方式也不同，流感病毒主要由唾液酸酶处理，而新型冠状病毒则主要由刺突蛋白蛋白酶处理。流感病毒主要通过损伤呼吸道上皮细胞进行感染，是一种嗜肺性病毒。相比之下，新型冠状病毒引起的损伤是多脏器的，包括呼吸道、肠道、血管内皮、肾脏、膀胱等易感染部位。

因此，病毒感染后对人体造成的影响以及出现的症状也有所不同。甲型流感病毒的受体靶点主要在肺上皮细胞，可能诱发间质性改变，也可能出现肺水肿、肺小叶炎症等。流感病毒感染主要以上呼吸道感染为主，如果病变加重，会沿着上呼吸道向下蔓延，累及肺实质，从而导致呼吸、循环衰竭甚至死亡。中毒型流感和胃肠型流感比较罕见。中毒型流感主要表现为高热和循环功能障碍，血压下降，可能导致休克和弥散性血管内凝血（DIC）；胃肠型流感的特征是呕吐和腹泻，这有可能是与呼吸道合胞病毒和诺如病毒的合并感染有关。甲型流感肺炎患者血象检查，通常会出现白细胞数量正常或稍有下降、红细胞凝集反应阳性的情况；影像可见病初沿肺门向周边走向的炎症浸润，以后出现散在性片状、絮状影，常分布于多个视野，晚期则呈融合改变，多集中于肺野的内中带，类似于肺水肿。新型冠状病毒的受体靶点则广泛存在于多个脏器和血管内皮，通常引起间质性损伤和间质性肺炎的改变。新型冠状病毒主要呈现多肺叶分布，病灶不容易融合，多分布于两肺外周胸膜下，部分同时累及中央，严重者呈铺路石样改变。

并发症

甲型流感的并发症包括流感相关性肺炎和其他呼吸系统并发症如哮喘、慢性阻塞性肺疾病、肺囊性纤维化、肺栓塞等，以及非呼吸系统并发症如心肌炎、中枢神经系统并发症及中毒性休克。感染新型冠状病毒或甲型流感病毒后，人体面临着清除病原体和维持组织功能之间的平衡。人体过激的免疫反应可以迅速清除病原体，同时也会造成广泛的损伤而影响免疫功能。免疫亢奋状态会导致人体高炎反应，多个脏器可能受损，甚至导致机体死亡。

与流感病毒相比，新型冠状病毒的并发症更多且更广泛，包括：味觉和嗅觉丧失；血管内皮广泛损伤形成血栓；广泛的血管内凝血，导致脑梗死、心肌梗死、脑炎等。此外，消化道也可能受到损伤，出现恶心、呕吐、腹泻等症状。后来还发现了一种被称为"长新冠综合征"的后遗症。感染新型冠状病毒后，许多患者出现神经系统问题，表现为焦虑、失眠等症状。这都是免疫失衡的表现，这在甲型流感患者中很少见到。

简而言之，流感病毒和新型冠状病毒虽然都是呼吸道病毒，但它们之间存在明显的免疫特征差异，这也解释了它们在临床表现上的不同之处。

混合感染

新型冠状病毒感染后，人体免疫系统常常出现紊乱，免疫力下降。临床发现，近几年的流行性感冒是一种混合型的病毒感染，其中包含普通的流感病毒、诺如病毒和呼吸道合胞病毒。

例如，对于婴幼儿而言，常存在病毒混合感染的情况，即出现咳嗽、咽痛等上呼吸道症状的同时也出现腹泻等消化道症状。这是由于其肠道菌群尚不完善，免疫系统也还未发育成熟，一旦病毒侵入肠道，很容易引发腹泻，特别是在呼吸道病毒感染的同时，混合感染了具有高度传染性和快速传播能力的诺如病毒。回顾近年来北美和欧洲流行的诺如病毒和甲型流感病毒，以及婴幼儿的诺如病毒和呼吸道合胞病毒大范围传播的情况，这一点可以得以印证。

后遗症

甲流和乙流等流感病毒同属于一个家族，但为不同的类型。由于毒株抗原性的差异，感染其中一种病毒后身体产生的抗体并不能有效预防其他种类的流感病毒。同时，由于流感是一种急性病毒感染，对于免疫功能正常的人来说，在适当的调适下机体一般都能完全恢复健康，不会留下长期的后遗症。少数老年人、孕妇、慢性病患者容易在感染流感病毒后合并心肌炎、脑炎等严重疾病，则可导致"流感后遗症"的长期症状。

普通感冒的一般自然病程是7天左右。7天左右人体"正胜邪衰，邪去正安"，感冒痊愈，不留任何症状。但如果人体抵抗力不足，机体无法完全战胜病毒，祛除邪气，则病程经过7天甚至更长时间后，仍可见恶寒、全身酸痛、鼻塞、咽部不适、咳嗽等症状，称为"感冒后遗症"。

新型冠状病毒导致的长新冠后遗症主要是指免疫系统受到攻击后，没有彻底恢复而导致的多个实体脏器的功能异常。在此基础上，二阳感染、继发甲流、继发结核的病例越来越多，因此新型冠状病毒感染后人体的免疫功能受损应该受到重视。及时调节免疫能力、提高免疫平衡水平非常重要。

5.3 免疫与感染性腹泻

感染性腹泻是一种由细菌、病毒、原虫等多种病原体引起的肠道传染病，以腹泻为主要临床表现。其发病和传播与卫生条件较差、食品卫生不达标、水源污染等有关。感染性腹泻的病原体包括病毒（如轮状病毒、诺如病毒、腺病毒、星状病毒）、细菌（如致泻性大肠埃希菌、霍乱弧菌、副溶血性弧菌、弯曲菌、耶尔森氏菌、志贺菌、沙门菌、嗜水气单胞菌）、寄生虫（如兰氏贾第虫、溶组织内阿米巴、隐孢子虫）等。

感染性腹泻在发展中国家尤为常见，是导致儿童营养不良、生长发育障碍和成人劳动力大量损失的因素，给社会带来沉重的经济负担。世界卫生组织估计，全世界每天约有数千万人发生腹泻，每年腹泻病例高达30亿～50亿例次。

诺如病毒

以诺如病毒为例，诺如病毒是一组属于杯状病毒科的病毒，以前被称为"诺瓦克样病毒"。该病毒感染主要影响胃肠道，引起肠胃炎和胃肠流感。该病毒于1968年在美国诺瓦克地区一所学校的胃肠炎疫情中通过患者的粪便检测而被发现。此后，在其他地区相继发现并命名了多种类似病毒，这些病毒统称为诺如病毒。该组病毒极易变异，且主要通过进入胃肠道与胃、十二指肠的上皮细胞结合定殖，感染十二指肠和空肠上段并破坏细胞，引起呕吐和腹泻。

诺如病毒感染性腹泻具有发病急、传播速度快、涉及范围广等特点。该病毒感染性强，潜伏期多在24～48小时，最短12小时，最长72小时。但是从发病到康复后2周，感染者的粪便和呕吐物中仍可检出病毒。该病毒通常在社区、学校、餐馆、医院、托儿所、老人院及军队等地引起集体感染。传播途径主要是污染的食物或水，勤洗手可以有效减少感染的机会。

诺如病毒临床表现包括消化道症状，如恶心、呕吐、腹泻、腹痛，以及其他症状，如低热、头痛、肌痛、流涕、咳嗽、咽痛、乏力、食欲减退等，但寒战和眼痛较少见。

由于成年人的消化道免疫机制比较健全，故一般多发生在儿童身上，常见的症状是呕吐。而年长的患者免疫低下可能会出现腹泻，严重情况下可能会出现稀水便和脱水，但大多数患者仅表现为呕吐。

该病毒可以影响各个年龄段人群，但治疗上目前尚无特效抗病毒药物。治疗方法主要是对症治疗和支持治疗，不需要使用抗生素。一般来说，只需要注意补充足够的水分，患者通常可以在1～3天内自行康复。然而，如果不能喝足够多的水来补充因呕吐或腹泻而丢失的水分，就可能导致脱水。

免疫的参与

人体的免疫系统在感染性腹泻的发生、发展和转归过程中发挥着重要作用。首先，免疫系统对感染性腹泻的抵抗和防御主要通过两个途径：固有免疫和适应性免疫。

固有免疫是免疫系统对感染性腹泻的初步应答，主要包括肠道黏膜屏障、吞噬细胞和自然杀伤细胞等。肠道黏膜屏障通过分泌黏液和胃酸等物质，阻止诸如病毒侵入人体。吞噬细胞和自然杀伤细胞则可以识别和吞噬病原体，起到直接杀伤作用。

适应性免疫是在感染性腹泻的病程中，适应性免疫应答被激活。适应性免疫应答分为细胞免疫和体液免疫两个阶段。在细胞免疫阶段，淋巴细胞（T细胞）被激活，产生效应T细胞，对诸如病毒感染后的细胞进行特异性攻击。在体液免疫阶段，B细胞被激活，产生针对病原体的特异性抗体（IgA、IgG和IgM）。这些抗体与病原体结合，形成免疫复合物，进一步促进吞噬细胞的吞噬作用。

整个过程可以更通俗一点理解，免疫系统就像身体内的一支足球队，当病原体这个"足球"侵入身体时，免疫系统就上场了。首先，免疫系统的"守门员"——肠道黏膜屏障，会通过分泌黏液和胃酸等物质阻止病原体侵入。接着，"后卫"——吞噬细胞和自然杀伤细胞，会像足球场上的球员一样迅速行动起来，把病原体这个"足球"吞噬掉，防止它在体内"进球"。然后，"中锋"——细胞免疫阶段，淋巴细胞（T细胞）会被激活，产生效应T细胞，它们像是球场上的中锋，精准地攻击病原体这个"足球"以及它的"控球手"——病原体的驱动因素，比如病毒感染的细胞、真菌寄存的宿主细胞、吸入颗粒的细胞等。接着"前锋"——体液免疫阶段，B细胞被激活，产生针对病原体的特异性抗体（IgA、IgG和IgM），它们像前锋一样，产生针对病原体的特殊武器，把病原体这个"足球"踢出体外。

然而，有些病原体则更狡猾。比如轮状病毒，它们会直接侵袭肠道黏膜，破坏肠道的屏障功能，导致肠道内细菌和病毒大量繁殖，"一脚进球"引发肠道炎症和腹泻。在治疗感染性腹泻时，除了针对症状的对症治疗就如同在球场上及时换人或者改变战术外，适当的抗生素治疗就像是场外教练给予的指导，有助于缓解症状并缩短病程。

李医生贴心小叮咛

人体的免疫机制需要不断地接受病原体的刺激，尤其是在儿童时期，良性的病原体刺激有助于免疫系统逐渐发育和健全。

第二部分

正合奇胜，
拯救免疫失衡

免疫力有三级管理方式。

第一级是不花钱的，也是最需要坚持的，即改变对免疫的认知和改变生活方式。对健康的正确认知是走向健康的第一步！

第二级需要花点儿钱。使用可以提升免疫力的中药、西药、免疫疫苗、保健品、功能食品等，但不能乱用及滥用，需要被验证！

第三级见效最快，即免疫细胞调节。通过免疫力检测，缺什么补充什么，缺多少补充多少，但现阶段还有点贵！

Part 6
润物无声：在日常生活中
全面调理免疫力

食饮有节，起居有常，不妄作劳。

——《黄帝内经》

据世界卫生组织报道，21世纪对人类健康构成最大威胁的是生活方式病，并将其列为威胁人类的"头号杀手"。现代社会生活节奏加快、竞争压力加剧、作息时间改变等一系列复杂因素，都会直接或间接影响人体免疫力。尽管人体免疫系统具有自我修复、自我平衡、自我监视的功能，但凡事都有度，不良生活方式超过一定程度或积累到一定程度，势必会对人体免疫系统造成影响，引起免疫状态失衡；导致免疫力低下或严重的过敏状态，有时还会诱发一些自身免疫性疾病，如系统性红斑狼疮、类风湿性关节炎、强直型脊柱炎、多发性硬化等。

大量医学研究证明，不良生活方式是导致现代文明社会各种慢性病高发的重要因素。一些平常不起眼、不在意的生活习惯如饮食习惯、运动习惯、作息习惯等与人体健康有着极其密切的关系。以目前最常见的高血压和心脑血管疾病为例，若是经常暴饮暴食、酗酒、缺乏运动、忙于工作而休息不足、熬夜等，这些糟糕的生活习惯将会使原本就有高血压或心脑血管疾病家族史的年轻人提早患上此类疾病。长此以往，还会促使病情恶化且很容易并发脑卒中、心脏疾病或肾衰竭。尽早改正不良生活习惯，则会延缓高血压的发病并避免各种并发症的发生。

呵护免疫，保卫健康，首先可以从改善生活方式做起，这是不需要花什么钱，只要下定决心并予以坚持就可以做到的事情。

拥有健康的生活方式和强大的人体免疫力，必须做到"合理膳食、适量运动、充足睡眠、心理平衡、戒烟限酒"，这是健康的五大基石。

6.1 合理膳食

人体的皮肤、黏膜以及细胞产生的抗体等，大多是由蛋白质组成。蛋白质是免疫力的物质基础。蛋白质从何而来呢？答案是：必须靠吃饭。吃得科学、吃得合理才能营养平衡。怎样吃才能改善免疫力呢？记住下面这些数字。

保持健康的一日三餐

要想改善免疫力，必须吃好一日三餐，不能随意减餐，比如一天只吃一顿饭，这样会造成消化液分泌不足、消化功能减退和营养素缺乏。

每天要保证4大类饮食

这4大类饮食包括谷薯类（粮食类），蔬果类，畜禽鱼蛋奶类或大豆类（优质蛋白质），以及油脂类（包括烹调食用油和各种坚果）。

每天要保证12种以上食物

在保证谷薯类、蔬果类、畜禽鱼蛋奶类或大豆类、油脂类等摄入的基础上，每天要摄入至少12种食物，这样才能保证营养的全面均衡。

一周要吃25种以上食物

一周吃25种以上食物，这样做更容易达到营养均衡；合理搭配，在饮食中要注意蛋白质与碳水化合物、脂肪的比例，从而有效改善免疫力。

吃饭讲究5件事，做到这些，有助于提高免疫力。

❶ 能量要充足，每天摄入250～400克谷薯类食物，包括米饭、杂粮、杂豆等。

❷ 应保证优质蛋白质食物的摄入，如瘦肉、鱼虾、蛋奶、大豆等。每天保证动物性食物120～200克，奶及奶制品300～500克，大豆及坚果类25～35克。

❸ 多吃新鲜蔬果。每日新鲜蔬菜不少于5种，300～500克，至少一半为深色蔬菜，水果每日摄入200～350克。

❹ 油脂来源要丰富，适量增加必需脂肪酸如亚油酸、α-亚麻酸的摄入。脂肪摄入为每日膳食总能量的20%～25%。

❺ 保证饮水量。每天应保证饮水1500～1700毫升，应该少量多次，有效饮水。吃饭时喝一些鱼汤、鸡汤也是不错的选择。

以上是有关合理膳食、促进免疫的基本原则和方法，患有糖尿病、血脂异常、痛风等代谢性疾病的人，最好咨询营养科医生，制订个性化膳食方案。

6.2 适量运动

运动是如何改善免疫力的呢？医学研究表明，经常锻炼的人，细胞免疫功能明显高于不锻炼的人，具体体现在不经常感冒，肿瘤发病率也相对较低。那么应该怎样运动呢？

❶ 进行适当的有氧运动

有氧运动通常持续且较轻松，肌肉不缺氧；无氧运动则快速而剧烈，体内的糖分来不及经氧气分解，不得不依靠无氧酵解，产生乳酸堆积。研究表明，有氧运动能够提高肌肉强度和耐力，有助于提高人体免疫力，对高血压、心血管病、糖尿病等有很好的预防作用。建议每周进行3~5次，每次30~60分钟中等强度的有氧运动，比如快走、慢跑、游泳等。不提倡剧烈对抗性运动或竞技性比赛，以防止身体出现过度应激反应，反而对血压、心脑血管不利或出现危险。

❷ 运动时间规范

每天锻炼的最佳时间是晚间19:30~20:30。根据循证医学研究和急诊医学猝死率分析，此时段急性心肌梗死和急性脑梗死的患者发病率最少，因此这段时间运动不易对心脑血管造成太大的负荷。晚间19:30~20:30是全天空气质量相对较好的时段，运动会让身体吸收较多的氧气。此时身体也是内分泌和代谢率相对较低的时候，运动会加速体内的内分泌和基础代谢，对减肥也能起到一定作用。另外，这段时间距离睡前2~3小时，此时进行运动，有助眠和改善睡眠质量的效果。

当然，如果平常工作太忙，腾不出专门的时间来运动，可以每天进行碎片式运动，每次时间最少5分钟，最长不超过1小时。

❸ 进行一些身心调试的锻炼方法

融合瑜伽、八段锦、打坐、冥想等身心结合的锻炼方法，通过长期有规律地调养身心，有助于降低紧张感，减少焦虑感，增加自信心，从而提高免疫力。身心调养练习可以改善心肺功能，强健脊柱，舒缓心理情绪，适合各年龄段和各种身体状况的人。它不受场地限制，可利用碎片化时间进行练习，简单易学，效果明显。

如果有些人觉得自我运动效率低，或者找不到适合自己的运动方式，也可以咨询运动医学专家，制订适合自己健康状态的个性化运动处方。

适量运动，有助于提高免疫力；免疫力提高后，运动能力也会有一定提高，运动后的疲惫感恢复会比较快，这是免疫力带来的好的改变。二者相辅相成。

不建议过度运动。运动的度和年龄、身体状态及个体免疫状态密切相关。过度锻炼、不合适的锻炼方式会导致免疫力显著降低，甚至引发身体疾病。比如年纪大的人长期进行高强度的马拉松锻炼、过度的肌肉锻炼等，都是不可取的。

6.3　充足睡眠

良好的睡眠对健康的意义重大。2017年诺贝尔生理学或医学奖颁发给了研究人体生物钟及睡眠深层机制的三位科学家，他们的研究证明了生物钟及睡眠对所有动物生命活动的重要性。

人的生物钟就是人体内随时间作周期变化的生理生化过程、形态结构以及行为等现象。人体内的生物钟多种多样，人体的各种生理指标和状态，如脉搏、体温、血压、体力、情绪、智力等，都会随着昼夜变化发生周期性变化。例如，体温早上4时最低，下午6时最高，相差1℃左右。生物钟涉及人体复杂生理机制的多个方面，人体大部分基因都受到生物钟的调节，因此，一个精心校准过的昼夜节律会调整我们的生理机制以适应一个昼夜内的不同阶段。

当人们的生活方式与生物钟出现偏差时，身体患各种疾病的风险也会随之增加。生物钟失调会导致失眠、体乏、抑郁、免疫功能低下，甚至产生包括肿瘤在内的各种疾病。例如，糖尿病就被发现与生物钟紊乱有关。流行病学研究发现，三班倒工人患2型糖尿病的概率比一般人高。

睡觉是人们与生俱来的生理功能。在深度睡眠时，人体的生长激素分泌最为旺盛。睡眠好的婴幼儿一般生长发育都很好，睡眠不好的婴幼儿通常容易生病，胃口也差。因此，专家建议未成年人晚9点左右睡觉，正常成年人晚11点以前上床睡觉。老话说，人需要睡子午觉，就是晚上子时之前进入睡眠状态，中午适当小憩，这样对健康最好。所有晚上12点后才上床，半夜才进入睡眠状态的人，不论他何时起床，不管睡眠时间长短，都是熬夜，违背了生物规律，极易导致免疫失衡，引起健康问题。

好睡眠为人体提供强大的免疫屏障。深度睡眠时人体的基础代谢率低，有助于储备能量应对醒来时的各种活动，就好比战斗休整期可以补充粮草。睡眠期是人体清除新陈代谢所产生废物的主要时期，如果睡眠不足或被剥夺，则容易导致免疫功能低下。

那么，什么样的睡眠才算好睡眠呢？

睡眠时间要达标。小学生每天睡眠10小时，初中生每天睡眠9小时，高中生每天睡眠8小时，成人每天睡眠7~8小时。睡眠时间通常会因人因时而异，正常成年人每晚睡5~12小时。

睡眠质量要高效。与睡眠时间相比，睡眠质量更为重要。决定睡眠质量在于睡眠的深度而非长度，每晚足够的深度睡眠就是好睡眠。有些人过分纠结每晚睡眠的时间，其实是没有必要的。

此外，如果能够在10~20分钟以内入睡，最长不超过30分钟就能睡着；即使晚上因为起夜等原因短时间起来，但很快能再次入睡；睡眠中不会被噩梦惊醒，即使做梦也不会感到疲劳。这样的睡眠也是过关的。

提高睡眠质量的小妙招

①睡前泡脚或热水浴。人的双脚密布神经末梢和毛细血管，还有与各脏器相关的反射区。用热水泡脚能够刺激反射区，促进人体血液循环，特别是微循环，有助于调节内分泌，提高睡眠质量。

②睡前药物或食品助眠。可以准备一些助眠的药物，常见的有褪黑素、安神类中药等。或者睡前喝牛奶或酸奶等。牛奶中的色氨酸能够使人感到安宁、放松，促进情绪稳定，还能促进血清素和褪黑素的形成，有助于提高睡眠质量。

③腹部艾灸、按摩。腹部是脾胃所在，脾胃为气机升降的枢纽。

采用腹部艾灸、腹部按摩等方法，能促进腹部气血流通，提高睡眠质量，从而有效改善免疫力。

④正念、冥想、深呼吸、放松情绪。放松方法包括渐进式肌肉放松法、呼吸放松法、冥想等。多集中于想象、呼吸、肌肉松弛等类别。这些方法因人而异，如坚持并固定下来，不断强化、练习，有助于改善睡眠状态。

6.4　心理平衡

管理压力和情绪首先要树立自我管理意识，同时培养积极的心态。

如何让心态积极

❶ 遇事多往好处想。比如一个人在沙漠里迷了路，看到水壶里只有半壶水了，消极的人会不由自主往坏处想——就剩这么一点儿水了，恐怕走不出去了；而乐观的人认为还有半壶水呢，会积极努力寻找方向，争取早些走出沙漠。

❷ 多与充满正能量的人交流。

❸ 遇到不好解决的问题，不要总是一个人"扛着"，要多与家人或朋友商量解决。

❹ 努力克服一些心理坏习惯，比如做事犹豫不决、瞻前顾后等，培养果断、自信的品格。

❺ 遇事不钻牛角尖，学会灵活处事和妥当解决问题。

❻ 学会"知足常乐"。

❼ 相信自己是最棒的，不过分苛求自己。

❽ 不断学习和接受新鲜事物，不与时代脱节。

积极调整心态

现实生活中的高压力，会影响自身的免疫力和健康，建议从以下几个方面进行调整。

❶ 合理设置工作持续时间，适当安排休息。可以根据条件和个人喜好在休息时听听轻音乐、品尝茶点，以便能在短时间的休息之后很快重新进入工作状态。

❷ 每天做放松训练，尤其是呼吸放松和肌肉放松，有助于调身、调息和调心。

❸ 增进对负面情绪的理解。一个人面对强大应激原引起的高压力，处于高度紧张工作状态时，会出现焦虑、恐惧等负面情绪。我们一定要知道，在应激下出现的负面情绪是一种相对正常的反应，是人类的一种保护机制。

❹ 适度宣泄负面情绪。除了正确认识负面情绪外，还要学会用积极的方法宣泄情绪。例如找一个隐匿的空间，痛痛快快哭一场，把自己心里压抑的感受宣泄出来。

❺ 保持与外界的联系。一个人在遇到应激事件的时候，往往需要得到外界的支持，尤其是心理层面的支持。所以，可以适度地或者周期性地与亲友交谈。

❻ 积极鼓励自己。在压力面前，多一些自我鼓励，往往能激发潜能，使自己状态更好。

调控、管理情绪，修心养性，对改善身体正气、保护免疫力非常重要。如果不学会控制情绪，尤其是负性情绪，往往会造成正气受损、免疫力下降。管理情绪的有效方法就是提高自己的道德修养，也就是修德、修心、修性。

内心的修养

❶ 多感恩、少怨恨。常存感恩之心，心境就会平静，心情就会愉悦。认知变，情绪跟着转变。情绪转变，精力、体力、身心健康也会跟着转变。

❷ 多宽容、少计较。遇到难以解决的事，懂得自我反思，用积极的方式进行排解，通过提高自己的能力水平来推动进展，那样就不会太痛苦。有多少计较就有多少痛苦，有多少宽容就有多少快乐。

❸ 从公理、少私欲。人存私欲是一种本能，会从自身利益和需求考虑问题，坚持自己的立场，这并不可耻。但只从自身角度出发，常常会觉得别人不理解自己；只从自身利益出发，常常会为了自己的利益损害他人的利益。很多矛盾都源自于不理解，遇事从客观角度思考和处理，少从私欲思考和处理，情绪就会稳定。

❹ 要淡薄、不贪心。对钱财名利可以追求，但不可贪婪。纪晓岚的老师陈伯崖有副名联，"事能知足心常惬，人到无求品自高"。说的就是知足常乐、少欲心安。

对于一些精神压力巨大，或者已出现某些精神、神经症状，比如严重焦虑、抑郁或神经官能症的人，建议及早去医院咨询心理医生。通过有效的深度交流、情感沟通和适宜的心理干预手段，使患者重新拥有良好的心理状态，远离心理亚健康的困扰。

6.5　戒烟限酒

烟草已被确定为一级致癌物。烟草烟雾中含有多种已知致癌物，这些致癌物会引发机体关键基因突变、正常生长控制机制失调，最终导致细胞癌变和恶性肿瘤的发生。长期吸烟者肿瘤发生概率是正常人群的6～20倍。吸烟也是高血压、心脑血管疾病发病的主要原因。

大量研究表明，为避免多种肿瘤的发生，戒烟势在必行！吸烟会明确导致高血压。研究证明，吸一支烟后心率每分钟增加5～20次，收缩压增加10～25mmHg。这是为什么呢？因为烟叶内含有尼古丁（烟碱），会兴奋中枢神经和交感神经，使心率加快，同时也促使肾上腺释放大量儿茶酚胺，使小动脉收缩，导致血压升高。尼古丁等物质还会刺激血管内的化学感受器，反射性地引起血压升高。长期大量吸烟还会加速大动脉粥样硬化、小动脉内膜增厚，使整个血管逐渐硬化。同时，由于吸烟者血液中血红蛋白含量增多，从而降低了血液的含氧量，使动脉内膜缺氧，导致动脉壁内脂质含量增加，加速了动脉粥样硬化的形成。动脉粥样硬化斑块的形成会使血管腔变窄，增加血流阻力，导致血压升高。因此，无高血压的人戒烟可预防高血压的发生，高血压患者戒烟有助于控制疾病发展。

与吸烟相比，饮酒对身体的利弊长期以来就存在争议。但可以肯定的一点是，大量饮酒肯定有害，高浓度的酒精会导致动脉硬化，加重高血压。另外，酒精进入体内，需在肝脏乙醇脱氢酶和乙醛脱氢酶的作用下分解、水解后排出体外，长期饮酒会加重肝脏负担。当肝脏的解毒功能下降后，酒精毒素会在肝内蓄积，导致酒精性肝病。

李医生贴心小叮咛

所有的健康问题都是免疫失衡惹的祸，健康问题，人人不同！

Part 7
出奇制胜：定向提升免疫力

人于中年左右，当大为修理一番，则再振根基，尚余强半。

——《景岳全书》

人体免疫系统具有独特性，不同的机体发挥免疫防御、实现免疫稳定的功能不尽相同。比如，有些人服用某种食物或药品会出现过敏；有些人接触某些粉尘或使用某种化妆品会出现呼吸道刺激、哮喘或过敏性皮炎；有些人似乎天生体质偏弱，经常出现季节性的感冒或拉肚子。这些都是免疫力不平衡的表现，与人体营养、代谢、内分泌有着非常密切的联系。针对这些免疫异常的亚健康人群，营养专家和免疫专家通过医学研究和临床验证，推荐使用对应的功能性食品、保健品或中药方剂等，必要时也可使用处方药，注射疫苗等，从而有针对性地调控免疫状态，使之趋于平衡和稳定。

7.1 好营养，好免疫

医学研究证明，人体营养与免疫密不可分。人体细胞营养和免疫功能的强大依赖于人体内环境的稳定，犹如土壤与种子的关系。适宜、必需的营养素有利于改善人体免疫功能。但鉴于功能性食品、保健品种类繁多、鱼龙混杂，普通人群自身较难做出正确选择。

一般而言，人体营养素分为宏量营养素和微量营养素。宏量营养素包括碳水化合物、蛋白质、脂肪三大类。其中，碳水化合物提供人体所需能量的55%～60%，主要食物来源包括各种米、面主食和五谷杂粮等。蛋白质虽然只提供人体所需能量的10%～15%，但它是构成人体组织和细胞的重要成分，其含量约占人体总固体量的45%。蛋白质用于更新和修补组织细胞并参与物质代谢及生理功能的调控，可以说，蛋白质是人体最重要的宏量营养素，其主要食物来源包括各种动物肉类和植物豆类、坚果类等。脂肪不仅能提供人体所需能量的20%～30%，还能够作为重要的能量储存形式广泛分布于全身，尤其是皮下脂肪和腹部脂肪。它是维持人体形态、皮肤弹性的重要组成部分。脂肪的代谢、运输和转移与心脑血管硬化有密切的联系。脂类也是构成细胞膜结构以及激素合成前体的重要物质。微量营养素即矿物质和维生素，虽然人体需要量不大，但大多是参与细胞代谢和功能调节的重要成分，长期缺乏或失衡会引发各种营养性疾病。

长期减肥或营养摄入不足的人，会存在细胞合成原料不足，导致免疫细胞功能下降，免疫细胞数量降低，出现免疫失衡的现象；部分免疫细胞亚群功能代偿激活，就会导致出现疾病的可能，例如湿疹、皮炎、过敏、营养不良和身体倦怠等。因此合理的营养饮食是健康的基础。

免疫力的平衡离不开各种营养素的均衡摄取和正常代谢。一些营养素成分日益受到重视，比如：乳铁蛋白和乳清蛋白对老年人具有调节T细胞活化和改善炎症反应等免疫调节作用。脂肪酸类营养物质中，ω-3脂肪酸是人体必需脂肪酸，在人体中不能大量合成，须从食物中获取。将补充ω-3脂肪酸作为一种治疗措施已广泛应用于临床。微量元素中，硒是一种对人类健康具有重要而特殊功能的必需元素，是人体中一些抗氧化酶（如谷胱甘肽过氧化物酶）和硒蛋白P的重要组成部分，在体内发挥抗氧化、调节甲状腺素分泌、维持正常免疫功能的作用。

众多维生素中，维生素C、维生素A和维生素D对人体免疫功能的发挥有特殊作用。维生素C不能由人体合成，必须从食物或者维生素补充剂中获取。维生素C有助于维持和保护机体内稳态平衡，对上皮屏障、先天（非特异性）和后天（特异性）免疫细胞和体液成分等免疫系统的各个方面都起着至关重要的作用，尤其是免疫细胞功能。虽然维生素C对免疫系统有积极作用，但不推荐饮食良好的健康人群大剂量口服维生素C补充剂，以免造成维生素中毒。对于血浆维生素C浓度降低的正常人群、普通感冒患者、感染风险高的人群（如肥胖者、糖尿病患者、老年人等），口服补充合理剂量的维生素C有助于改善免疫功能；对于肺炎、危重症和其他急性感染性疾病等患者，静脉给予适量维生素C或含有维生素C的复合营养素可改善其炎症状态和免疫功能。

维生素A对维持视觉、促进生长发育和保护机体上皮细胞和黏膜的完整性具有重要作用。维生素A还被认为是抗炎维生素，在维持先天性免疫和获得性免疫中具有重要作用，可促进清除原发性感染和降低继发性感染的风险。缺乏维生素A的人群补充维生素A可增强机体免疫功能和改善临床预后，可采取天然 维生素A 或 β -胡萝卜素来补充。

维生素D的作用不局限于调节钙磷代谢和维护骨健康，其在一些慢性病、免疫相关疾病、感染性疾病及炎症反应中的作用越来越受到关注。维生素D具有维持机体正常免疫功能和降低感染风险的作用，机体缺乏时将影响体液免疫及细胞免疫的正常功能。对维生素D充足者，建议每天保持一定的日照时长，并适量摄入富含维生素D的食物以维持现有循环中的维生素D水平。对维生素D缺乏的成年人，建议补充普通维生素D_2或维生素D_3制剂，使血清总25（OH）D（25羟维生素D）水平维持在正常水平以上。

我们通过多年的大数据研究发现：当人体免疫状态下降或免疫力低下时，MISS评分通常为负分；反之，当人体免疫状态表现为相对活跃或亢奋时，MISS评分通常为正分；良好的免疫力为接近0分的高水平平衡状态。为此，一些营养专家和免疫专家提出高效营养—免疫平衡疗法，为免疫失衡状态的人群推荐具有免疫调节作用的个性化产品，帮助其逐步恢复免疫力，这是预防各种疾病（尤其是肿瘤）的关键。

综合性营养—免疫平衡产品：合理选择富含天然维生素、矿物质、多不饱和脂肪酸等的产品。

系统性营养—免疫平衡产品：针对人体各个系统特点进行调理。如消化系统，调节肠道消化吸收功能、修复肠漏、改善便秘等；心脑血管系统，抗脂质过氧化、保护血管内皮、防止动脉硬化等；代谢-内分泌系统，改善代谢，选择β-葡聚糖等；神经系统，选择神经营养、肠-脑轴内啡肽类；骨关节系统，选择氨糖软骨素、接骨木莓类；等等。

靶向性营养—免疫平衡产品：针对亚健康慢性疲劳，考虑线粒体功能修复、能量合剂等。针对肿瘤预防、强化免疫，选择植物类如灵芝孢子粉、黄芪素等。针对肠道微生态，选用益生菌、益生元、膳食纤维，以及肠道修复产品。针对肝脏、胰腺、甲状腺、肾上腺、性腺等，采用增强肝脏解毒、排毒功能及改善胰腺、甲状腺、肾上腺、性腺等功能的产品。

7.2　中西合璧保免疫

中西医之免疫观

中医自古有"阴平阳秘，精神乃治"以及"正气存内，邪不可干"的说法，其实强调的就是健康之根本在于阴阳平衡、免疫力充沛。

与西医不同，中医强调"正气"对于身体健康的重要性。许多疾病被描述为"痰饮水湿"或"症瘕积聚"，这实际上是在谈论身体内部的正气如何协调，以避免恶性病变的发生。因此，无论是免疫防御、自我平衡还是免疫监视，可能都类似中医所称的"卫气"功能，也就是调节平衡、协调脏腑经络以免生"积聚"的功能。

我们先来看看免疫失衡。广义上的免疫异常与绝大多数疾病相关。免疫系统的核心功能是保护自我，其中最基本的就是识别"自我"与"非我"。

一旦免疫系统出现错误的识别，就会导致疾病的发生和发展。例如，对病原微生物的识别能力减弱或者受损会导致感染的发生。当身体不能正常识别入侵的病原体时，这些敌人就可以在身体内复制，导致进一步的侵略和感染。对突变或转化细胞的识别能力减弱时，则可能导致肿瘤的发生。对于自身细胞也可能出现判断失误导致自身免疫性疾病的发生。例如，异体移植是一种常见的治疗手段。然而，移植物识别导致的排斥反应是宏观进化不匹配的结果。人类整个生命演化的过程中，没有外来移植器官的存在，因此人体免疫系统无法识别它们，必然会对其发生排斥反应。这是移植治疗中必须克服的治疗瓶颈，同时也是医源性疾病发生的原因之一。

在免疫失衡时，病原微生物和宿主免疫系统发生激烈冲突，这种过程被称为感染。根据病原体致病力与宿主抵抗力的强弱、消长以及感染的最终结局，大致有三种结局。一种叫作隐性感染，即不表现出任何明显的疾病迹象，病原体被清除了，这种情况在人类生命的过程中随时发生。另一种是显性感染，即病原体表现出明显的疾病现象，但经过斗争也被清除了，"正气"最终胜利。最后一种是潜伏感染，无论是否出现明显的疾病迹象，都可能因免疫低下而无法将病原体清除。这种情况有潜在危险，容易引发身体各种不适。

中医采用"辨证论治"的方法，将患者的病情作为一个整体来看待。认为疾病的产生与人体的阴阳失衡、气血不畅、脏腑功能失调等有关。因此，通过辨别患者的病情，分析其病因病机，制订个性化的治疗方案，以达到治疗疾病、调节机体平衡的效果。而西医在疾病的诊断、手术治疗等方面拥有先进的技术和理论，对于某些疾病的治疗有着不可替代的作用。因此，将中西医结合起来，充分发挥两种医学的优势，则可能形成一种更为科学、更为有效的综合医疗体系，即"以中医之道驾驭西医之术"。

中药对免疫的调控作用和机制备受关注。虽然古人并没有明确说明中药如何影响免疫机制，但中药已经成功地应用于免疫调节，以维持阴阳平衡的状态。中药可以促进T细胞的活化和增殖，增强T细胞介导的免疫反应，对B细胞的免疫有促进作用，从而促进机体产生抗体。某些中药可以增强巨噬细胞介导的细胞活性，增强机体的固有免疫和适应性免疫。中药还可以通过增加机体免疫球蛋白的含量来提高机体体液免疫能力。此外，中药还可以通过表面受体的免疫反应刺激造血干细胞的增殖和更新，从而维持机体的造血稳态和生态平衡。

例如，新型冠状病毒感染的多脏器损伤是由病毒导致机体内免疫失衡状态所引起的。若固有免疫强大或者能够迅速转化为后天免疫，患者则可能表现为无症状感染。若病毒在机体内复制速度快，而免疫反应较弱，则可能会出现明显的感染症状。在治疗过程中，中药可介入调节机体免疫平衡。如果免疫反应低下，可通过增强免疫力的方法，如针对性的靶向药物黄芪等。中医认为黄芪能够大补肺气，具有提高免疫机制的作用。现代研究发现，黄芪直接作用于胸腺，能够增强中枢免疫系统的免疫力。若切除胸腺，则黄芪的作用将无法发挥。因此，中医所说的中药靶向，实际上可以通过临床试验来观察。另外，人参是针对脾，具有增强外周免疫的作用，可以用于治疗免疫低下的疾病。

在免疫亢进的情况下，例如自身免疫性疾病，西医通常采用免疫抑制剂的治疗方法。而中医则是针对免疫亢进进行调控。现代研究发现，许多免疫亢进性的疾病实际上是某些淋巴细胞亚群低下所致，而另一部分免疫细胞则表现为亢进。这就涉及攻补兼施的治疗方法。

实际上，许多病毒都可以导致机体产生爆发性的炎性反应。这意味着，若机体免疫力无法抑制病毒，则只能选择全力出击，希望能够打败病毒，即"不是你死就是我亡"。此时，固有免疫的过度激活将诱导炎性反应的暴发，这时需要采取措施来抑制这种反应。西医常使用激素来处理这种情况，而中医也运用具有相似功效的药物。例如，在温病学派中，清热解毒和凉血的中药被广泛应用，这些药物对于气营两燔或血分热盛等病证具有显著疗效。现代研究也表明，这些药物具有抑制免疫亢进和炎性反应的良好效果，而且比激素更为安全，避免了激素可能导致的不良反应。比如，黄芩是一种具有清热解毒功效的中药。现代研究表明，黄芩对肺炎和肺部热证有良好的治疗效果。通过远红外成像技术观察人体，可以发现，在正常状态下，人体温度处于36℃~37℃时，呈现出粉红色的状态。而当肺部发生炎症反应并出现升温时，远红外成像显示出红色。然而，在服用黄芩2小时后，肺部的颜色开始变淡，即局部炎症反应得到控制，局部体温得以降低。现代科学通过远红外成像技术和分子生物学方法的研究，证实了古人经验的正确性。

中药合群之妙用，最好的应用场景是什么呢？如果人体某一项能力低而另一部分高，比如表寒里热、上热下寒等，中药可以在靶向作用下，不足的地方补足，过亢的地方降下来。例如，在免疫炎症风暴时，我们可以使用一些中药的免疫抑制剂，如黄芩、黄连、黄柏、牡丹皮、赤芍等，这些都能够抑制免疫亢进和炎性反应。同时，由于免疫炎症风暴的根本原因是抵抗力不足，要解决它的根本问题，需要增强免疫力。因此，我们使用人参、黄芪、附子等中药增强免疫力，同时也用上黄芩、黄连等抑制免疫。当然这其中有一个比例的运用，这就是中医的优势，也是中药合群之妙用。中医重视标本兼治，治病求本。在治疗疾病时，我们需要关注根本原因，而不仅仅是症状。通过中药合群的使用，可以在整体上提高人体的免疫力和抵抗力，从而达到标本兼治的效果。

总的来说，中药合群之妙用是一种思维方式，它可以在中药的应用中体现，帮助人们更好地理解和运用中药。根据《素问·刺法论》所述，"正气存内，邪不可干"。其中，"正"指的是指正气，即一切能够抗病的物质，相当于免疫系统的正常功能。正气可以抵御外邪、调节机体内在阴阳平衡和免疫平衡，从而增强免疫自稳。

举例来说，幽门螺杆菌、HPV（人乳头瘤病毒）、疱疹病毒等微生物往往和人类是共生的。只有当机体功能状态紊乱时，内环境失稳，免疫机制才会逐渐失去压制微生物的能力，从而导致疾病的发生。然而，对于邪气（即邪），中医讲求正邪对立统一的概念：将免疫系统看作"正"，病原微生物看作"邪"；将抗体视为"正"，抗原视为"邪"。任何会破坏免疫平衡和自稳的物质都可以视为"邪"，包括六淫邪气和机体阴阳失衡产生的病理产物等。与其单纯地针对病原微生物，不如通过调节机体内外环境，使其达到平衡状态。因此，我们不是要杀死病原微生物，而是通过调节环境，让微生物有机会转变为有益的物质，或者收编它们为机体所用。

由于各种原因，阴阳失去原有的平衡，免疫系统稳定性被破坏，疾病就会发生。当机体免疫功能亢进时，类似中医的"阳胜"状态。机体感受阳邪或感受阴邪但从阳化热等导致阳气偏胜。机体的免疫系统就会功能亢进，免疫反应过度，过度识别和清除抗原异物，将自身成分识别为非己成分，进而产生免疫应答引发属于"热证"的自身免疫性疾病。当机体免疫功能低下时，类似中医的"阴胜"状态。机体感受阴邪，阴气偏胜而正气虚衰等导致阴气偏盛。机体对抗原异物的识别和清除不完全，则形成属于"寒证"的自身免疫性疾病。当机体免疫功能缺陷时，类似中医的阴阳虚衰状态，也就是阴阳两虚。机体禀赋不足或久病体虚伤阴、伤阳导致阴阳偏衰，此时机体免疫功能低下或紊乱，导致免疫缺陷性疾病的发生。

正气充足可以提高免疫功能和抗病能力，使免疫系统保持稳定。事实上，我们的目的不是要强调免疫的强大，而是要强调免疫的平衡。只有当免疫系统保持稳定时，它才能与邪气抗争，避免疾病的发生或促进病情的好转。反之，如果正气虚弱，机体的阴阳失衡会导致免疫功能紊乱，从而引发疾病。当机体的免疫功能正常时，它能够正常识别和清除抗原异物，维持机体生理功能的稳定。正如《素问·调经论》所述："阴阳匀平，以充其形。九候若一，命曰平人。"只有当免疫系统功能正常时，机体才能保持阴阳平衡状态，阴平阳秘，从而使机体生命活动稳定、有序、协调。

中西医结合的免疫调节与免疫平衡

鉴于人体致病因素的复杂性和个体体质差异、免疫的不同状态，中医通过望闻问切，获得全面信息；在此基础上，如果能事先了解病患的免疫检测和评估数据，针对不同免疫类型进行辨证施治，就可以实现传统医学与现代生物医学的有机结合。

❶ 针对疲劳虚弱、免疫力低下、MICA+MISS免疫评分为负分的人群。这类人群的最大特点是免疫力低下，合理应用温补阳气的中药提升免疫，具有事半功倍的效果。

中药里，具有温补阳气作用的有很多，比如鹿角霜、巴戟天、淫羊藿、杜仲、菟丝子、阳起石、锁阳、补骨脂、沙苑子、蛤蚧等。具体用法和用量需经中医辨证、配伍使用，不建议个人私自使用。

❷ 针对易过敏，已经出现鼻炎或皮疹甚至轻度哮喘、MICA+MISS免疫评分为正分的亚健康人群。这类人群的最大特点是免疫代偿性激活，容易诱发自身免疫性疾病，积极干预可以防止身体器官进一步损害。

中医辨证论治，主要在于调节阴阳平衡，重在滋阴降火。常用中药有玉竹、石斛、枸杞子、麦冬、女贞子、沙参等，也须中医合理配伍使用。

❸ 针对内分泌失调、失眠多梦、情绪波动、焦虑抑郁等心理亚健康人群。心理压力是造成躯体疾病、免疫力低下的重要因素，除了通过生活方式干预，再加上合理使用中医药，往往效果更加显著。

对此类人群，中医辨证施治的重点是养心安神。常用的中药有茯苓、茯神、琥珀、朱砂、酸枣仁、磁石、龙骨、人参等。具体的药物选择需要在中医师四诊合参之后，对症用药，不建议个人私自使用。

❹ 针对代谢紊乱或消化系统疾病。人体脾胃消化系统为后天之本、气血生化之源，消化问题存在于各类亚健康人群、代谢性疾病人群和慢病失养人群。调理消化系统，具有扶正、固本、提升免疫的作用。

代谢紊乱或消化功能异常是现代人的常见问题，合理应用中医药调理可以发挥健脾利湿、气血双补的作用。常用的中药有黄芪、党参、西洋参、太子参、当归、熟地、川芎、白芍、龙眼、白术、阿胶、扁豆、怀山药等。

中药里，温补阳气的中药多数是可以调节免疫力的，滋阴降火的中药多数可以治疗过敏或自身免疫性疾病，但是具体的加减需要有经验的医生给出具体的方案。

以免疫检测和量化评估为基础实现中西医结合，进行中医"治未病"免疫管理和免疫调节，使中医在望闻问切的基础上又多了一个抓手，在未来一定具有很好的健康管理应用场景。

7.3 细胞调理，精准调衡免疫力

免疫细胞疗法

免疫细胞疗法，也被称为过继性细胞治疗，是通过分离自体或异体的免疫效应细胞，经过体外培养，使其数量呈几何倍数增多，再重新输入人体，杀灭血液及组织中的病原体、癌细胞、突变细胞的一种生物免疫治疗手段。免疫细胞疗法能打破人体免疫耐受，激活、增强机体的免疫功能，兼顾治疗疾病、保健、延缓衰老等多重功效。

免疫细胞治疗技术目前多应用在癌症、病毒感染、慢性病等方面，并在临床上取得了许多成功的案例。如CAR-T疗法（嵌合抗原受体T细胞免疫疗法）。早在1976年，Morgan等人发现白介素2（IL-2）对T细胞的扩增效应并大量生产后，科学家利用IL-2诱导出淋巴因子激活的杀伤细胞（LAK），用于治疗黑色素瘤、肺癌等多种恶性肿瘤。这是最早的免疫细胞治疗方法。随着细胞培养、治疗技术的不断发展，更多类型的免疫细胞被陆续应用于临床。目前临床应用比较成熟的细胞治疗有：自然杀伤细胞（NK）、树突状细胞（DC）、细胞因子诱导的杀伤细胞（CIK）、杀伤性T细胞（CTL）、肿瘤浸润性淋巴细胞（TIL）、嵌合抗原受体T细胞（CAR-T）、嵌合T细胞受体T细胞（TCR-T）等。

国际上，免疫细胞疗法临床试验涉及的疾病类型多种多样，包括自身免疫病、移植宿主排斥、恶性肿瘤、过敏及哮喘，甚至抗衰老等多个领域。但是真正获得FDA（美国食品药品监督管理局）批准的疗法主要是针对血液肿瘤和淋巴系统恶性肿瘤，如CAR-T疗法。目前国内也有许多相关临床试验正在进行中。近年来，基于免疫细胞在恶性肿瘤治疗方面的巨大潜力，免疫细胞疗法已成为继手术、放疗、化疗之外的一种新的治疗方法，经常被称为肿瘤治疗的第四大疗法。此外，免疫细胞疗法也逐渐成为衰老及衰老相关疾病的潜在治疗策略。

随着生物技术、精准医学、健康管理的发展以及临床实践的积累，免疫细胞疗法将更加精准、高效，为疾病治疗、健康管理带来新的突破。免疫细胞疗法不仅能够"治已病"，还可以"治未病"。免疫细胞疗法可以作为一种纠正免疫失衡、改善亚健康、延缓衰老、提升整体健康水平的健康调理方法。在"治未病"的意义上，免疫细胞疗法又可称为"免疫细胞调理"。

免疫状态评估

免疫系统处于平衡状态、免疫功能保持在正常水平，才能维持身体健康。免疫反应网络纷繁、调节精巧，任何环节失控都可能导致免疫失衡，造成严重的后果。免疫失衡可表现为机体免疫功能低下或免疫功能亢进。免疫功能低下会导致感染性疾病、肿瘤风险增加；免疫功能亢进会导致过敏反应、自身免疫疾病。因此，准确识别免疫状态，对免疫功能进行量化评估，扭转免疫失衡，是健康管理、疾病治疗的基础，也是进行精准免疫细胞调理的指南针。对健康人群、亚健康人群、慢性病患者、肿瘤患者进行免疫力的评估，不仅有助于个体化健康干预举措、疾病治疗方案、免疫细胞调理方案的制订，也有助于临床疗效、意外风险的正确判断。

免疫状态评估一直是医学界的一道难题。血常规里的血细胞计数、淋巴细胞计数、淋巴细胞百分比可以对免疫力进行最初级的评估，但仅仅靠血常规的这三个指标是远远不够的。

目前，MICA+MISS免疫状态全面检测评估体系是一种相对比较全面、精准的免疫状态评估方法，能够客观量化检测者免疫力的免疫检测体系。MICA+MISS免疫状态全面检测评估体系，对60余项免疫细胞亚群项数据进行量化检测、功能分析，涵盖免疫细胞绝对值数量、亚群比例、细胞表型、细胞间相互作用机制、细胞亚群的功能以及细胞亚群间代偿平衡的分析，能够更精准地体现整体的免疫细胞功能状态。MISS评分，作为免疫力评价指数，通过"免疫平衡尺"可以直观、客观地反映个体的免疫状态及健康风险（图7.1）。

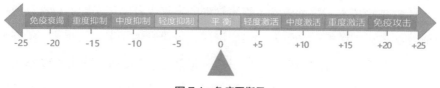

图 7.1　免疫平衡尺

　　检测者的MISS评分，在免疫平衡尺上所处的位置，就是检测者当前的免疫状态。恶性肿瘤患者、器官移植后服用抗排异药物者、抑郁患者、亚健康人群基本上处于免疫抑制状态，评分为负值。器官移植后有排斥反应的、过敏体质者、有自身免疫病且处在活动期者，基本上处于免疫激活状态，评分为正值。

　　精准、全面的免疫状态评估，是健康评估、健康干预、疾病诊疗评估的重要组成部分，能够为健康管理方案、免疫相关疾病治疗方案的制订提供参考依据，为病情变化、治疗效果提供评估依据，也是指导免疫细胞调理方案制订、评估免疫效果调理效果的重要依据。因此，建议患病人群在疾病治疗前、中、后都进行免疫状态评估，为疾病诊断、治疗、康复提供参考、指导；健康人群、亚健康人群，建议先进行免疫状态评估再进行全面的健康体检；有免疫细胞调理需求的人群，更是应该在免疫状态评估指导下，缺什么补什么、缺多少补多少，进行精准、全面的免疫细胞调理，以达到最佳效果。

订制免疫细胞调理方案

　　免疫系统是人体健康的基石，大量研究表明，人体90%以上的疾病与免疫功能失调有关。当人体免疫力处于失衡状态，尤其是免疫力明显不足时，人体患病风险就会大大升高。

　　短期的、轻度失衡的免疫力下降，通过积极的健康生活方式管理，以及应用高效营养的免疫调节产品或药物，可以达到或恢复相对平衡的状态。但长期的或受疾病影响的中重度免疫力下降，尤其是伴有肿瘤风险大幅度升高时，单纯的免疫健康基础管理就显得作用缓慢，甚至效力不足了。此时，通过MICA+MISS全面量化免疫分析，医学专家可以充分了解免疫失衡的细胞种类、细胞比例或数量下降的程度，然后有针对性地应用免疫细胞进行调理。

现代细胞生物技术的发展日新月异，在肿瘤治疗、亚健康调理和防慢病、抗衰老领域都取得了可喜进展，积累了大量的案例和丰富的实践经验。免疫细胞调理技术，是目前细胞生物技术领域颇受关注的新技术，具有安全、有效、作用广泛的特点，依据人体不同免疫状态可以实施个性化免疫调理方案。其中，NK细胞免疫调理可以提升人体固有免疫，增强机体抵抗细菌、病毒等微生物感染的能力，清除体内衰老、突变、坏死的细胞，以及增强机体抗肿瘤的能力。ACT免疫调理是将从肿瘤患者体内分离出的免疫细胞在体外改造、扩增，再向患者回输，从而直接杀伤或激发体内免疫应答杀伤肿瘤细胞。CTL免疫调理则通过特异性杀伤肿瘤突变细胞、清除异常凋亡细胞，起到预防肿瘤发生和发展的作用。免疫细胞调理后，激活的免疫细胞还能够源源不断地分泌大量的免疫活性分子或细胞因子，持续增强机体免疫力，并与体内其他多种免疫细胞相互作用，使人体免疫达到真正高水平的平衡状态。

我们在测评免疫力的基础上，针对亚健康人群和肿瘤人群，提出了以免疫为核心的西医治未病健康管理体系和肿瘤绿色治疗模式，取得了很好的临床治疗效果。针对不同人群的免疫失衡，针对性地选择需要的免疫细胞，缺多少补充多少，缺什么补充什么，做到精准精确，高效无忧。

如何达到最好的免疫细胞调理效果

细胞治疗想达到最好的治疗效果，需要从以下几个方面把关。

❶ 细胞治疗前精准评估免疫状态。找到免疫失衡的原因，针对性地补充免疫细胞亚群。简单说，就是要把低的补高了，而不能把高的补超线了。

❷ 细胞的数据很重要，细胞治疗需要达到一定的治疗数量级别。在医疗层面，超过百亿的细胞是基本要求；疾病治疗时，甚至需要千亿级别的细胞，才可以达到真正的效果。而亚健康人群，根据免疫失衡的程度来调理，也是非常重要的。

❸ 细胞的活性很重要。细胞是否处于最佳活性状态，是否达到了最佳回输时间，这些都是需要体外评估的。高效快速的扩增体系是这个环节的关键。

❹ 严格的质量控制。细胞培养过程中的污染防控、内毒素的控制、异种异体蛋白的控制以及细胞衰老程度和细胞亚群活性比例等，都有严格的检验标准。

❺ 自体细胞永远是最安全的首选，只有特殊情况和条件下，才可以选择异体细胞。非病毒编辑的细胞要优于病毒编辑的细胞，不必要编辑的自然诱导细胞优于编辑的细胞。

在我们的探索下，免疫细胞治疗已经从肿瘤的治疗，拓展到了过敏治疗、自身免疫性疾病治疗、代谢性疾病治疗、亚健康治疗等不同的健康疾病领域。样本显示，免疫细胞调理后的效果见表7.1和表7.2。未来是细胞治疗的时代，理解并接受最先进的治疗技术和理念，才有机会带给自己最好的健康未来。

表7.1　免疫细胞调理后，男性容易出现的变化和改善

项目（男）	免疫调理前	免疫调理后
体力、精力	容易疲劳、精力差	精力增强、疲劳感消失
头发	头发花白	白发变黑、长出黑发
睡眠	入睡难、睡眠质量差、易醒、多梦	入睡容易、可持续睡眠、睡眠质量佳
咳痰	有痰、不易咳出、易哮喘	咳痰容易、主动咳痰
性功能	性功能低下、阳痿	性功能改善、晨勃
盗汗	盗汗	盗汗消失
消化	食欲不好、不易消化	食欲改善、消化好

表7.2　免疫细胞调理后，女性容易出现的变化和改善

项目（女）	免疫调理前	免疫调理后
妇科内分泌	月经少、绝经、腰酸、腹痛、漏尿、子宫下垂、脂肪堆积、不易怀孕、多发肌瘤和囊肿，以及乳腺、甲状腺结节多发	经量正常、无腹痛、绝经后恢复月经、漏尿改善、子宫下垂改善、脂肪分布改善、备孕容易、结节减少或消失

续表

项目（女）	免疫调理前	免疫调理后
面色	面色晦暗、蜡黄、色素斑点多、面色发黑	面色红润粉嫩、有光彩、亮度提高
皮肤	皮肤粗糙、弹性差、易湿疹过敏、起皱纹	皮肤细腻、紧致、色素斑消失、湿疹好转、不易过敏、少皱纹
视力	近视、眼花	视力恢复正常、老花眼改善
情绪	情绪不稳、易激动、易焦虑	情绪平和、心情愉悦
身体感受	身体易冷、手脚冰凉	身体温暖、手脚温暖
精神状态	易困倦、头脑不清晰	精神状态佳、头脑清晰

李医生贴心小叮咛

通过免疫状态量化检测，指导免疫调理，实现主动健康管理！

第三部分

免疫失衡
案例解析

1. 口腔溃疡的背后

有这么一位患者，长期口腔溃疡，各种口腔溃疡贴膜、B族维生素、抗细菌或真菌的药物都用过，一直不见好转，甚至做过活检，也没发现恶变。面对这个溃疡炎症，他一筹莫展，万般无奈。

口腔溃疡与免疫低下、营养缺乏、机械式物理化学刺激有关，也可能由病毒、细菌、真菌感染引起。正常情况下，人体里有很多细菌、真菌，但它们通常是条件致病菌，特殊条件下才会发病。什么叫特殊条件呢？就是在人体免疫低下的时候容易发病。长期熬夜、过度饮酒、大量抽烟……都会导致免疫力低下，这时候身体状态就容易出现问题。从这位患者的口腔溃疡状况来看很可能是口腔黏膜免疫防御低下的表现。提高免疫水平，这些病有可能不治而愈——这就是免疫治疗疾病、免疫维护健康的一个根本原理。

我们了解了一下患者多年的生活习惯：第一是长期熬夜，第二是大量饮酒。这种长期熬夜、过度饮酒的不良习惯会导致显著的免疫力下降，所以在患者检测免疫力之前，我们就预计其免疫系统存在问题。果然，检测报告显示：NK细胞显著降低、B细胞显著降低、T细胞也下降。

简单说明一下该患者口腔溃疡的发展过程。免疫力下降会导致机体防线——免疫防线变得脆弱。人体黏膜如口腔黏膜，有很多免疫球蛋白。B细胞下降，导致免疫球蛋白下降，数量不够、功能不足，黏膜就容易出现病变；NK细胞下降，导致机体抗真菌、抗病毒能力减弱，遇到真菌、病毒的侵犯，无力抗衡，黏膜就会出现问题；又因病因持续存在——熬夜、酗酒等，形成恶性循环，溃疡难以好转。

根据检测情况，我们对患者有针对性地进行NK细胞调理。调理后复查，发现NK细胞比例从最开始的4%恢复到10%。他的口腔溃疡在无任何药物干预下，逐渐缓解、消失了。这是我们身边很典型的一个例子。当然，生活方式的转变才是真正的釜底抽薪。

另外，还有一些患者，比如患有灰指甲，当提高免疫力以后，灰指甲也逐渐好转了。这就是提高免疫力使身体状态恢复平衡后，许多症状随之不药自愈。

②. 术后调理亚健康

某乳腺肿瘤女性患者，术后加放疗，康复得非常好。但之后还是出现一些不适症状，比如：容易失眠，盗汗，长期耳鸣，易疲惫，脸色灰暗，皮肤紫外线过敏，有时身体伴潮热，关节疼，等等。其实这些都是亚健康状态的表现。有些表现在医生这里可能不是病，即使经过各种检查，结果很有可能是阴性，不一定具有诊断意义。但对于个体来说，就会导致其生活质量明显下降。当我们了解到这些情况后，基本可以判断：这些亚健康状态就是免疫低下或者免疫失衡导致的结果。

果不其然，经过检测，患者免疫水平评分是"–4"。其中重要的NK细胞、T细胞水平都非常低。这个评分是免疫状态全面下降后的结果，提示：亚健康状态。

免疫力低下，是肿瘤高发的独立危险因素。针对肿瘤治疗，手术、放疗、化疗、靶向治疗这些手段都运用了，但在防御、免疫调节方面，目前大家还很少关注。免疫力恢复主要靠自身内在多系统的协调与调节，大多靠日常膳食、锻炼等生活方式调理，短期内恢复不到正常水平，或者恢复得很慢。这个患者也是如此，所以术后多年免疫状态一直处于低下状态。我们为患者制订以免疫为核心的健康管理方案。方案如下：患者NK细胞降低，可以先补充NK细胞，之后再通过序贯疗法补充降低的T细胞。经过一段时间补充，患者的身体状态越来越好了。

首先体现在精神面貌、心理情绪方面。情绪趋于平稳，焦虑状态相对减少，睡眠逐渐改善，疲惫感慢慢减弱、消失。其次表现在毛发、肤色上。发量逐渐增多；脸色变红润，皮肤变细腻，对紫外线的过敏也逐渐减少甚至消失了。

在过去5年中，我们每年为她进行两次免疫检测，根据数据报告，有针对性地制订免疫调理方案。迄今，她的免疫量化评分已调到0分，达到一个免疫健康的状态，这是一个显著的改善。

临床上，经常有朋友来医院就诊，主诉最多的就是：全身上下哪儿都疼，但检查后也没查出任何毛病。往往这时候医生就会说："女士，你更年期、焦虑吧""先生，你喝酒多、压力大、熬夜吧"，会找一些影响身体的常见不良生活方式作为解释。其实现在来看，这些症状可能都是亚健康的表现，是免疫失衡的表现。通过免疫健康管理，把免疫力调到正常水平，就能使生活到达较高质量的健康领域。

3. "大喘气"后隐藏的危机——哮喘

分享一个既特殊又普通的病例。说它特殊，是因为很多人甚至连医生往往都想不到；说它普通，是因为在人群中很常见。

有位患者，身体非常健康，爱唱歌，平常喜欢运动、锻炼，生活方式很健康，每年一次的常规体检也很正常。我们给他做了一次免疫体检，检测报告出来以后，发现他的免疫评分是轻度激活：+5分，这意味着免疫系统不平衡了。

进一步了解得知，他是北方人，长期生活在北方，有鼻炎。这个本来也不算什么严重的疾病，不需要用药，也不需要特殊处理。花粉季，他偶尔会有点咳嗽；跟人聊天时，不间断地会有一次大的喘气、捯气。但他并没在意，认为不需要专门去诊治。从临床角度讲，这是一个健康的人，他本人也这样认为。从常规体检来看，他确实也是一个健康的人。

了解到他既往有鼻炎病史，对花粉轻度过敏；观察他的呼吸，有一阵阵喘大气、捯气的一个过程；加上免疫检测+5分的免疫评分；以上均提示，他可能在呼吸道方面会出现高敏疾患。身体的免疫细胞不平衡以后，最有可能对呼吸道进行攻击。我们建议他做一个呼吸系统深度筛查，一是做肺的高分辨CT，二是做肺功能检查，同时建议他做哮喘功能的检测。以上这些检测，除了高分辨肺CT外，其他都是常规体检项目。他遵从医嘱很快做完了相关检查，报告结果确实如我们所预判的那样：呼吸道轻度阻塞性通气功能障碍，哮喘激发实验阳性，肺的高分辨未见异常改变。临床上，医生可以明确诊断为"轻度哮喘"。

通过检测、评分预测到这个疾病，同时也找到了潜伏的敌人。接下来就是治疗了。第一，抗哮喘药迅速加上。第二，进一步分析判断他的免疫激活是因为体内免疫细胞的数量和功能分布不平衡造成的，有些细胞低下，有些细胞是代偿激活。第三，针对生活中影响免疫系统的因素，比如长期失眠、容易焦虑、精神压力等方面，给出以免疫力为核心的、全面的健康管理方案。治疗5个月以后，我们再次评估其免疫水平，评分降至+1分，说明免疫已趋向于平衡状态。同时发现，他那些与哮喘相关的症状几乎全部消失，睡眠、体力、精力等各方面也得到全面改善。

大家知道哮喘早期几乎没症状；如果到了中晚期，气道严重阻塞、变形或者过度敏感，就需要长期吃药维持，以后可能一辈子都离不开哮喘药了。有些人达到重度哮喘，加之气道的其他功能如肺功能改变，就变成终身服药，甚至老年时候需要呼吸机和其他辅助功能维持气道开放，使得生活质量、生命质量都大大下降。

4. 熬夜与过敏

一位高中女生患者，从出生就开始过敏，皮肤像鱼鳞一样，不敢吃动物蛋白奶粉，是吃植物蛋白奶粉长大的。长大后，对虾、螃蟹、鸡蛋、花粉等都有很强的过敏反应。另外，因为高中学习压力大，她长期熬夜。给她做了一个免疫检测，显示其NK细胞低到难以想象的程度，而与免疫激活相关的效应性T细胞水平非常高（越高代表过敏越严重，发生自身免疫性疾病的风险越大），这些都表明她的免疫天平处于严重失衡状态。虽然她的免疫评分是+2分，属于代偿后的平衡、轻度激活表现，但是在具体细胞水平上，已出现了一个大漏洞。

针对这个结果，我们可以预测，如果她长期继续熬夜，NK细胞的改变还会进一步加重。对于女孩子来说，在妇科、甲状腺、乳腺方面，将来一定会出现问题。

与之沟通后，她主动调整睡眠习惯，在12点之前睡觉。同时，我们为她进行了NK细胞的调理。调理以后，上述症状都得到显著改善。外在表现上，全身皮肤以前的湿疹、过敏状态显著好转；汗毛、睫毛变得越来越浓密；脱发情况好转，以前掉的头发，现在也长回来了……以上都表明她的免疫力达到一个高水平平衡状态。

一年后，我们再次给她评估免疫状态，欣喜地发现，她的NK细胞虽未完全达到正常，但她的免疫状态已逐渐趋于平衡。

年轻人的免疫力比较好、机体代偿能力强，在青春期，一般不会形成疾病。但如果长期的、不良的免疫力不平衡，就有可能在进入中年后，形成严重的不可逆转的身体健康损伤。

5. 免疫力的"骨往筋来"：骨关节炎

有很多朋友经常跟我主诉一个表现：晨起时，手脚的小关节肿胀、僵硬，甚至不能伸直，活动半小时后，才逐渐恢复正常状态。去医院就诊，检查后发现各种风湿、类风湿指标又都是阴性，无法做出明确诊断。这种情况会导致人情绪、心理上有很大压力。

一位48岁女性患者，平时睡眠比较差，经常感到疲惫，长期手脚小关节疼痛、肿胀。多方就医，都没有得到一个明确的诊断，也没有明确治疗方案。多家医院都认为可能是骨关节炎，那么这种关节炎到底怎么治，有没有好的办法？

我们先检测了她的免疫水平。检测报告显示：患者免疫力低下，免疫评分是代偿激活的+4分。她的NKT细胞明显低于正常下限。

NKT细胞是我们免疫系统里的特警部队，数量少，战斗力极强，不需要特殊的介导就能够立刻识别、清除、杀伤身体内那些衰老、坏死的细胞，也能把潜在的不好的东西清除掉。该患者有一些细胞代偿激活，主要降低的是NKT细胞。所以，根据这个免疫评估，我们为其制订了以免疫为核心的健康管理方案。通过免疫调理补充患者的NKT细胞，其整体免疫水平都提升了。

此后，该患者的关节疼痛、肿胀等症状明显好转，失眠、精力疲惫、容易倦怠等症状也显著改善。

6. 免疫平衡与自我攻击——干燥综合征

女性患者，26岁，身体健康，没有不适，每年例行体检也没什么问题。在接种新冠病毒疫苗之前，给她做免疫检测：MISS评分为+8分；NK细胞在正常下限；B细胞显著激活，已经超出正常上限。

当我们看到这个结果以后，建议她慎重考虑接种疫苗，甚至可以考虑不要接种。另外，她已经出现B细胞中度激活状态，我们建议她去医院风湿免疫科检查一下，看看有没有严重的过敏、自身免疫性疾病等相关问题。

由于我们是第一天做检测，报告第二天才出来，还没来得及告诉患者结果，第二天早上她就接种了疫苗。接种之后，我们按计划又给她做了一次免疫检测，结果显示其免疫评分为+9分，免疫进一步激活，说明疫苗对她是有作用的。但这种免疫激活会不会导致其他问题呢？

我们建议她到综合三甲医院进行深度检查，她很快去某医院风湿免疫科查了32项自身免疫性抗体。数据出来有7项呈阳性。结合这7项阳性结果，同时又做了进一步筛查及相关检查，最后明确了诊断，是干燥综合征极早期。

什么叫干燥综合征呢？就是我们的免疫系统开始对自己的身体进行攻击，特别是对腺体进行攻击，导致腺体内没有液体分泌，造成眼睛里没有眼泪、口腔里没有唾液、胃里没有消化液。这种结果严重以后，将令人非常痛苦，同时，会伴有各种其他免疫性疾病的发生。所以，干燥综合征是一个非常难治疗的自身免疫性疾病。

进一步询问发现，这都是长期压力大、熬夜导致的免疫功能下降，免疫检测NK细胞明显降低，其他细胞代偿激活。这个代偿激活是导致该患者出现症状的一个根本原因。我们根据她的情况为其制订了健康管理方案：从生活习惯入手，不再熬夜，改善睡眠；适当运动、锻炼；适度释放、调节压力；给予口服免疫球蛋白等提升免疫力的保健品等。

经过半年治疗，复查免疫评分，该患者的免疫评分从+9分回到+5分。

的确有一部分人存在潜在的自身免疫性疾病或者过敏性疾病。而这种潜在的疾病甚至疾病早期几乎没有任何症状，个人感觉不到。如果经过疫苗接种这种免疫状态被激活，后续可能会导致身体出现一些问题。

7. 减肥：想说爱你不容易

一位女性患者通过控制饮食来减肥。成果是确实身材苗条，养眼漂亮。但是长期控制饮食会导致什么？如果机体对细胞供应合成的原料不足，就很可能出现免疫系统及其他健康问题。

这位患者长期"饥饿减肥"后，慢慢发现自己特别容易疲劳，发质枯黄，眼睛干涩，皮肤时有瘙痒，手脚易发湿疹。这些改变，其实就是免疫功能出现了问题。同时，她还有熬夜的习惯。我们给她做了一次系统的免疫检测，数据出来令人吃惊：免疫评分是+11分，属于中度激活状态。在中度激活的基础上，与过敏相关的细胞大量被激活，NK细胞显著降低，抗肿瘤细胞显著降低。

这是典型的免疫力严重不平衡的案例。究其原因，就是由于她长期过度地减肥，脂肪、蛋白质等营养摄入严重不足，导致体内免疫水平整体下降。

根据患者NK细胞下降、CD4细胞激活等免疫失衡状态，我们为她制订了一个以免疫细胞调理为主的健康管理方案。经过调理，她的免疫细胞总数逐渐升高，免疫评分有所改善，全身过敏症状也逐渐缓解。

爱美之心人皆有之。很多男士追求身体塑形，撸铁、健身的同时服用大量蛋白粉，吃增肌食品。我们每年门诊都会看到一批这样的人，身材非常棒；一检查，胆红素偏高，肝功能、肾功能都有问题。我们一定要记住，健康不仅仅是躯体表面的健康，还要在功能层面保持健康、作为支撑。功能层面的健康一定是基于机体各方面的平衡。做好日常保养，才能真正做到身体健康。

8. 免疫的"拯救"——老年人的"稳态"

免疫系统里的T细胞，是我们专业里常说的"免疫系统里的陆军部队"，具有杀伤病毒细胞、肿瘤细胞的功能。老年人的T细胞降低会怎样呢？这里要说的，就是这样一位老年人。

这是一个典型的存在多年慢性病、基础病的老年患者案例：50年的腰椎间盘增生，骨质增生导致坐骨神经被压迫，下肢肌肉萎缩；30年的糖尿病；20年的高血压；10余年的前列腺肥大，近几年出现夜尿增多；还有8年的间质性肺病。我们为患者进行了免疫测评，数据非常可怕。

他的免疫评分是+2分，但是整体评估是极低水平的免疫平衡。什么叫极低水平？患者的T细胞仅有39（正常50~80）；所幸他的B细胞、NK细胞还是可以的，但NKT细胞显著下降，整体免疫力严重失衡。根据这个结果，我们为其制订了一系列的调理方案：除中医中药调理，督促其饮食平衡、睡眠充足、适度运动、调节情绪，还有自体免疫细胞回输。通过以上健康管理，神奇的改变在他身上出现了。

当他进行免疫细胞调理之后，原先每晚4~5次起夜的习惯显著好转。过了半年左右，这位80多岁的老人，原先长期一天服用2种降压药，现在渐渐得到控制。血糖方面，原先一天吃9片二甲双胍，现在血糖逐渐得到控制，开始减药。不仅如此，他在饮食上也不像以前那样需要严格控制主食，体重也有所增长。间质性肺病也出现好转。

对于一个老年人来说，存在基础疾病是很常见的。这些问题在医院的医生角度来看，是分属于不同的器官系统，需要多科医生给予不同的治疗方案。如果从免疫出发，了解其免疫状态，把失衡的免疫调回来，在原有药物治疗的基础上，就有可能把这些基础疾病控制住。

9. 爱屋及乌——免疫细胞调理的意外收获

免疫细胞调理经常有意想不到的效果与收获。

某老年女性，患有肝内胆管细胞癌。到我们医院检查时，肿瘤大概有8厘米，在肝右叶，靠近肝门胆管。经过完善检查后，做了右半肝的切除，术后患者恢复比较好。由于她的免疫状态长期处于低下水平，术后免疫状态进一步降低，为了预防肿瘤复发，需要提高其免疫力。

我们对她进行免疫测评后，发现一个奇怪的结果：她的免疫评分是+9分，T细胞显著降低，总T细胞在正常下限，CD4、CD8细胞的功能都降低，只有NK细胞代偿激活——这是一个免疫失衡导致的免疫评分特别增高的表现。免疫失衡使得抗肿瘤能力减弱，这很可能是肿瘤发病的原因之一。为了预防术后肿瘤复发，我们建议她做免疫细胞治疗。

在全程诊疗过程中，我们发现，这位老人有特发性震颤，就是头部不受控制地左右摇晃。据老人说，病史已经十几年了，去多家医院进行了很多种治疗，一直没有得到很好的改善。

很多神经系统的疾病与免疫相关。免疫评分如果达到+9分，说明有免疫细胞代偿激活，有可能会引起针对神经系统的攻击和损伤，引起一些特发性震颤等。为了预防肿瘤复发，降低肿瘤对身体的危害，我们给患者做了免疫细胞调理，使其免疫状态达到高水平稳态后，发现其特发性震颤逐渐缓解。这些说明患者达到一个高水平的免疫平衡以后，其自身神经系统的免疫攻击得到了缓解，神经系统进行代偿，可以恢复到正常水平，这真是一个意外的惊喜！

这个收获给我们很多启示：神经系统病变也可以尝试性进行免疫评估。

10. 免疫力为你保驾护航——解读肿瘤标志物

某患者在一次体检中，突然发现肿瘤标志物升高。到医院做进一步检查，没发现肿瘤。3个月后复查，发现肿瘤标志物持续升高。再到医院检查，没有发现实质性肿瘤。又过3个月后再次复查，肿瘤标志物依然持续升高。

随后患者转到肿瘤医院进行肿瘤深度筛查，也没有查到肿瘤。作为一个30多岁、事业发展顺利的人来说，这使他产生了巨大的心理压力。连续几个月来，他一直处于焦虑之中。知道敌人可能要来，但是不知道敌人从哪来，一点防备的手段、预防的办法、积极的应对策略都没有。

在听患者陈述病史、描述生活工作状态及临床表现后，我们判断这是一个免疫力低下的表现。当免疫力低下时，体内的某些细胞就开始蠢蠢欲动，在外界诱因或者强大心理压力的影响下就可能发生癌变。

细胞开始癌变并表达肿瘤标志物蛋白，不等于能查到实质性癌肿。实质性癌肿一般长到5毫米左右，才能被医学影像设备发现。即使早期发现也没法定义良恶性。这种情况下，从免疫入手提高免疫力，把抗肿瘤的防线恢复到正常，是一个合理的逻辑。

免疫检测后，患者的免疫得分是负分，重要的抗肿瘤免疫指标均低于同年龄段的人。检测结果提示患者存在明确的免疫力降低，抗肿瘤免疫防线存在多方漏洞，细胞一定是在癌变的路上。

遗憾的是，患者因各种原因，并没有接受免疫细胞治疗。我们为其开启了一级免疫健康管理方案，尽量去除影响其免疫的高危因素。

第一，建议他不要再玩命地加班工作了，保持张弛有度，尽量避免因工作导致身心长期处于压力之下。

第二，不要熬夜，任何形式的熬夜都会伤及免疫系统。

第三，调整心态，适当锻炼。

患者依从性强，按照提出的健康管理方案坚持执行。我们告诉他，如果按免疫调理方案做，免疫力提高了，对身体就是一个促进的过程，让他以平常心去面对肿瘤标志物检测。

后来，他的肿瘤标记物检测结果提示：一路攀升的肿瘤标志物水平正在回落。

一年之后，当我们再次见面，患者气色很好，整个人的精神状态特别好，情绪状态也非常好。再去做体检，原先一直升高的肿瘤标志物已经回到正常范围了。

我们身边有很多类似的案例，体检时发现肿瘤标志物升高，但是查不到肿瘤。这些人去门诊，医生基本不做任何处理，就是定期随访观察。但是也有很多经验教训，就是很多患者在两三年或者三五年之后突发恶性肿瘤。

现在有了免疫评估的手段，从免疫力出发及时进行测评，明确抗肿瘤的防线低下后，及时进行调整，就可以把敌人扼杀在摇篮中，健康就能得到保证。这就是，癌症早防早查早管理，免疫力为你保驾护航。

免疫亚健康自主筛查评估量表

认真阅读下列条目，按照你近一年的实际情况填写，以了解身体健康情况，为下一步做好身心健康管理及调理提供重要参考依据。

从来没有：5分　　偶尔发生：4分　　经常发生：3分

总是如此：2分　　非常明显：1分

序号	内容	评分				
1	身体抵抗力明显下降，易患季节性流感，容易受寒感冒，有时精神状态欠佳或容易疲惫；嗜睡、盗汗、多汗、气短等	5	4	3	2	1
2	有头痛、头晕目眩、背痛、肌肉酸痛、有时说话有气无力、懒得动等一种或多种身体不适感。医院检查无系统基础疾病，但影响正常生活	5	4	3	2	1
3	感染过各种病毒后，有不同程度后遗症，如咳嗽咳痰、时有喘憋，乏力、健忘、失眠等	5	4	3	2	1
4	无明显原因感到精力不足、体力下降、体力恢复慢；时有伴畏寒发冷；整个人看起来不精神，容易累	5	4	3	2	1
5	无明确原因体重下降明显，或者明显肥胖。营养过剩、不足、失衡；肠道吸收不好	5	4	3	2	1
6	面色晦暗、粗糙，皮肤容易起痘，易出现色斑；容易发生化妆品、紫外线及冷空气等过敏	5	4	3	2	1
7	头发花白，白发长得过早，发质干枯发涩，掉发明显，伴有早秃或斑秃	5	4	3	2	1
8	用眼过度，视力下降，较早出现花眼，眼睛干涩无神，容易发生眼部炎症	5	4	3	2	1

序号	内容	评分
9	食欲下降，纳差或不思饮食，饱胀感明显，怕寒凉食物，间断便秘或腹泻等胃肠功能紊乱	5　4　3　2　1
10	时有尿急尿频，或轻微尿路刺激症状；起夜次数多，有尿不尽的感觉	5　4　3　2　1
11	有高血压、糖尿病、甲状腺结节、甲亢或甲减。有乳腺增生、结节，子宫肌瘤、腺肌症，痛经，卵巢囊肿，输卵管，肺结节等问题	5　4　3　2　1
12	入睡困难，或早醒，睡得不稳不深，醒来不容易再睡；梦多，清晨起床后感到很疲乏	5　4　3　2　1
13	注意力、记忆力、计算力、逻辑思维等能力下降；忘性大，注意力难以集中，容易走神等	5　4　3　2　1
14	情绪低落、兴趣减退、精力体力下降，活动减慢；以前感兴趣的事物现在都不感兴趣了；自我评价过低，经常责怪自己，有时觉得活着没意思，心情容易沉重，悲观消沉，闷闷不乐；喜一个人待着，不爱与人交往等	5　4　3　2　1
15	易心烦意乱、坐立不安，神经过敏、心中不踏实，莫名紧张、担心；常因小事而烦恼；自责，遇事易往坏处想；有时伴发抖、震颤，头晕目眩，胸闷腹胀，多汗，四肢麻木，睡眠障碍等；不能自控地发脾气	5　4　3　2　1
16	遇事易激惹，管理自己的情绪欠佳；非常在意别人的评价，在人际交往或者聚会中明显不自在。有时别人聊天时，认为别人在背后说自己坏话。感到大多数人都不可信任，感到别人不理解、不同情自己。害怕到人多的地方去，不擅与人沟通	5　4　3　2　1
17	没有可以诉说心里话的好朋友，遇事常自己憋着，不易找到可以帮助自己的人，没有调节、疏导不良情绪的方法或途径，没有自我觉察、审视的观念；所有的事一个人扛，心灵无处安放	5　4　3　2　1
18	无生活目标，没有信仰，缺乏动力。经常熬夜，或者半夜醒来看手机等，不能很快入睡。熬夜过后无法通过足够的休息来补充体力，不爱起床。作息不规律；喜静不喜闹，如遇大声说话或者喧哗，易发脾气；社恐	5　4　3　2　1
19	对污染、噪声、车流、拥堵、光线等很敏感；比常人更渴望安静，希望不被打扰	5　4　3　2　1
20	近2年内出现重大负性生活事件，如生病、事故、下岗、亲人离世等；诊断抑郁症、精神疾病等；从事高危职业，如长期处于急慢性应激原之中	5　4　3　2　1

评分结果参考意见：

★ 85~100分

你的身体在人群中属于10%的健康区间。请继续保持良好的生活方式与平和心态。

★ 70~85分

你的身体可能处于轻度亚健康状态，在人群中属于75%的亚健康区间。

> **健康管理方案：一级方案**
>
> √ 一级方案，免疫健康调理：保持良好的生活方式，心境平和、愉悦；注重睡眠质量，培养健康睡眠；适当体育锻炼；均衡饮食，保持优质蛋白的摄入；定期健康体检，可以选择免疫检测，以了解自己的免疫力。

★ 55~70分

黄色预警信号灯亮起，你的身体已经处于中度亚健康状态，在人群中虽然仍属于75%亚健康状态区间，但是已经在中下限、接近不健康的区间，属于不平衡状态。无论在身体还是心理上，你都需要高度重视自己的症状与不适。

> **健康管理方案：一级+二级方案**
>
> √ 一级方案，免疫健康调理：情绪平和、健康睡眠、适度锻炼、均衡饮食、定期体检，监测肿瘤标志物等检测。如有问题请立即去医院就诊。
>
> √ 二级方案，增加提升免疫力的产品：如适当使用葡聚糖、灵芝孢子粉等。
>
> √ 积极进行免疫检测，及时发现隐患，防患于未然。

这个区间的你，也许正处在红绿灯的交叉路口，除保持以上健康的生活方式外，尤其在心理层面需要进行必要的调整，缓解焦虑、抑郁等不良情绪，达到畅情志、适劳逸。如果睡眠不好，必要时去医院就诊，遵医嘱酌情使用抗失眠类药物。

★ 40~55分

你的健康红灯亮起了！

针对综合评定，你极有可能已处于疾病前期阶段，在人群中属于75%亚健康状态的下限区间，属于失衡状态。

健康管理方案：一级+二级+三级方案

√ 在一级+二级方案基础上及时开展三级方案：免疫力量化检测及免疫细胞治疗，并进行肿瘤深度筛查。

√ 尽快去医院就诊，及时进行科学的健康管理。

★ 20~40分

你的健康警报已经拉响！

此评定结果提示你的身体出现疾病的概率非常大，强烈建议立刻去医院就诊，同时开展一级+二级+三级免疫健康管理方案。

后记

这几年，免疫力从幕后走向台前，成为人们关注的焦点，成为人类对抗病毒的最后防线。

免疫力就像生命中的氧气，虽然平时默默无闻，却一直在为我们的健康默默守护。我们可能会忽视免疫力的存在，但免疫力从未有过丝毫懈怠，它始终坚守在身体里，为我们抵御各种疾病的侵袭。现在，人们在积极探索如何让免疫力变得可见，如何让免疫力得到有效的管理，如何让免疫力更好地守护我们的健康，大家都在寻找这些问题的答案。

我国政府也高度重视免疫健康领域的研究，启动了重大的研发计划，投入了大量的资源。这是因为，免疫健康的重要性不仅关系到每个人的身体健康，更关系到国家的繁荣和社会的稳定。免疫健康的时代即将到来，这将是一个以免疫力为核心，全面关注和提升人民健康水平的时代。

在这个时代，我国的医学专家正纷纷探索免疫力和健康之间的本源关系，他们希望通过自己的努力，揭开免疫力与健康之间的神秘面纱。

我们也有幸组织了这样一批专家，他们不仅拥有深厚的医学知识，更满怀爱心和强烈的责任感。这些医学界的佼佼者，早在许多人尚未认识到免疫力重要性的时候，便已经开始在免疫力领域进行深入的研究，他们从多个角度，全方位地探索和解读免疫力的奥秘。

得益于专家们的信任与支持，《拯救免疫失衡》这本书才得以出版。他们不仅从本专业的角度出发，更结合了丰富的临床实战经验，全方位地描绘出关于免疫力的精彩画卷。在此，特别感谢李勇主任，是他编写了"免疫治疗的前世今生"专题，让我们对免疫有了更深入的了解；感谢李素云主任编写了关于免疫力和营养的章节；感谢严冬主任、孙利主任、张毅医生编写了关于免疫力和肿瘤的章节；感谢桑翠琴主任编写了"卵巢癌的治疗和研究现状"专题；感谢邢晓燕主任、刘赫主任、王春懿编写了关于免疫力和心脑血管疾病的章节；感谢朱继巧主任、王冠主任、张磊医生、翁以炳主任、樊艳辉主任、徐志强编写了关于免疫力和自身免疫疾病的章节；感谢刘宁主任编写了关于免疫力和传染性疾病的章节；同时，还要感谢刘险峰医生、刘宁主任编写了关于正合奇胜拯救免疫失衡的章节，让我们对调节免疫失衡有了更丰富的手段；感谢李先亮主任、王剑锋主任、许文犁主任、李晋医生、刘喆医生、徐志强编写了关于免疫失衡案例解析的章节，让我们通过这些案例更加深入地体会到免疫健康的重要性；感谢李晋医生提供的免疫检测量表，让我们对免疫检测有了简易可行的工具。

非常感谢中国老年保健协会成立免疫健康管理专业委员会，因为这个专业委员会的成立，我们在免疫健康领域得到了更多的关注和支持。这不仅是对我们工作的肯定，也让我们更有信心在免疫健康这条路上继续前行。

这本书集众家所长，全面呈现免疫力的健康解码，详细阐述免疫力的内涵，广泛普及免疫健康知识。希望本书能对读者了解免疫、管理免疫、实现免疫健康有所助益。

我们坚信，在未来的时光里，随着科技的不断突破和医学研究的深入探索，关于免疫力的创新和发展将会迎来一个高速发展的时期。